EUROPA-FACHBUCHREIHE
für Metallberufe

Formeln Sanitär-, Heizungs- und Klimatechnik PLUS+

mit Formelumstellungen

5. Auflage

VERLAG EUROPA-LEHRMITTEL · Nourney, Vollmer GmbH & Co. KG
Düsselberger Straße 23 · 42781 Haan-Gruiten

Europa-Nr.: 18014

Autoren der „Formelsammlung Sanitär-, Heizungs- und Klimatechnik"

Blickle, Siegfried	Dipl.-Ing., Oberstudienrat	Freudenstadt
Flegel, Robert	Wissenschaftlicher Lehrer	Stuttgart
Grevenstein, Hans	Wissenschaftlicher Lehrer	Wurster Nordseeküste
Härterich, Manfred	M. A., Oberstudiendirektor	Ditzingen
Uhr, Ulrich	Dipl.-Ing., Studiendirektor	Rheinfelden

Lektorat und Leitung des Arbeitskreises
Manfred Härterich, M. A., Oberstudiendirektor, Ditzingen

Bildbearbeitung
Zeichenbüro des Verlags Europa-Lehrmittel, Ostfildern

Die Verwendung nur eines grammatikalischen Geschlechts bei Berufs- und Gruppenbezeichnungen wurde im Hinblick auf den Lesefluss gewählt. Sie stellt keine Meinungsäußerung zur Geschlechterrolle dar.

5. Auflage 2025
Druck 5 4 3 2 1

Alle Drucke derselben Auflage sind parallel einsetzbar, da sie bis auf die Korrektur von Druckfehlern identisch sind.

ISBN 978-3-7585-1481-4

Alle Rechte vorbehalten. Das Werk ist urheberrechtlich geschützt. Jede Verwertung außerhalb der gesetzlich geregelten Fälle muss vom Verlag schriftlich genehmigt werden.

© 2025 by Verlag Europa-Lehrmittel, Nourney, Vollmer GmbH & Co KG, D 42781 Haan-Gruiten
www.europa-lehrmittel.de

Umschlag: Zeichenbüro des Verlags Europa-Lehrmittel, 73760 Ostfildern
Umschlagfotos: stock.adobe.com: cirquedesprit; IRINA
Satz: Grafische Produktionen Jürgen Neumann, 97222 Rimpar
Druck: mediaprint solutions GmbH, 33100 Paderborn

1 Grundlagen der SHK-Technik und der Betriebswirtschaftslehre

1.1 Rechenarten, Größen und Formelzeichen

Grundrechenarten

Rechenart	Erklärung	Zahlenbeispiel
Addition (+)	Summand + Summand = Summe	$3+4 = 7$
Subtraktion (-)	Minuend – Subtrahend = Differenz	$8-2 = 6$
Multiplikation (*)	Faktor · Faktor = Produkt	$5 \cdot 3 = 15$
Division (:)	Dividend : Divisor = Quotient	$12:2 = 6$

Schreibweise von Variablen

Zeichen	Algebraisches Beispiel
Das Multiplikationszeichen (der Malpunkt) zwischen Zahl und Variable (Buchstabe) oder den Variablen kann weggelassen werden.	$5 \cdot x = 5x$ $x \cdot y = xy$
Der Faktor 1 wird in der Regel nicht geschrieben.	$1 \cdot x = x$

Griechisches Alphabet

Klein-buchstabe	Groß-buchstabe	Name	Verwendung, Größe	Klein-buchstabe	Groß-buchstabe	Name	Verwendung, Größe
α	A	Alpha	Winkel	ν	N	Ny	
β	B	Beta	Winkel	ξ	Ξ	Xi	
γ	Γ	Gamma	Winkel	o	O	Omikron	
δ	Δ	Delta	Unterschied, Winkel	π	Π	Pi	Kreisberechnung
ε	E	Epsilon	Winkel	ϱ	P	Rho	Dichte
ζ	Z	Zeta	Widerstandsbeiwert	σ	Σ	Sigma	Summe
η	H	Eta	Wirkungsgrad	τ	T	Tau	
θ, ϑ	Θ	Theta	Temperatur	υ	Υ	Ypsilon	
ι	I	Jota		φ	Φ	Phi	Luftfeuchte
$\varkappa$	K	Kappa		χ	X	Chi	
λ	Λ	Lambda	Wärmeleitfähigkeit	ψ	Ψ	Psi	Abflussbeiwert
μ	M	My	Rauigkeit	ω	Ω	Omega	Widerstand

Dezimale Vielfache und Teile von Einheiten

Zehnerpotenz	Zahlenwert	Name	Vorsilbe	Zeichen	Einheit
10^6	1000000	Million	Mega	M	50 MBit/s
10^3	1000	Tausend	Kilo	k	70 kg
10^2	100	Hundert	Hekto	h	3 hPa
10^1	10	Zehn	Deka	da	1 daHz
10^0	1	Eins	–	–	$5 \cdot 1$ m
10^{-1}	0,1	Zehntel	Dezi	d	4 dl
10^{-2}	0,01	Hunderstel	Zenti	c	23 cm
10^{-3}	0,001	Tausendstel	Milli	m	6 mm
10^{-6}	0,000001	Millionstel	Mikro	µ	50 µA

Größen, Formelzeichen und Einheiten (Auswahl)

Größe	Formelzeichen	Einheit	Einheitenzeichen	Ergänzende Angaben
Stoffmenge	n	Mol	mol	1 mol ≙ $6{,}022 \cdot 10^{23}$ Teilchen
Länge, Breite	l, b	Meter	m	1 inch (Zoll) = 25,4 mm
Fläche	A	Quadratmeter	m^2	1 a = 100 m^2
Volumen	V	Kubikmeter	m^3	1 l = 1 dm^3
Volumenstrom	$\dot{V}$	Liter durch Sekunde	l/s	m^3/h, dm^3/s
Zeit	t	Sekunde	s	min, h, d, a
Frequenz	f	Hertz	Hz	1 Hz = 1/s
Umdrehungsfrequenz, Drehzahl	n		1/s	1/s = 60/min
Geschwindigkeit	v		m/s	1 m/s = 3,6 km/h
Beschleunigung	a		m/s^2	
Fallbeschleunigung	g		m/s^2	g = 9,81 m/s^2 (≈ 10 m/s^2)
Temperatur	θ, ϑ	Grad Celsius	°C	0 °C = 273,15 K
Thermodynamische Temperatur	T	Kelvin	K	0 K = −273,15 °C
Wärme, Wärmemenge	Q	Joule	J	1 J = 1 N · m = 1 W · s (3600 kJ = 1 kWh)
spezifische Wärmekapazität	c		kJ/(kg · K)	
Wärmedurchgangskoeffizient (U-Wert)	U	Watt durch m^2 und Kelvin	W/(m^2 · K)	
Wärmeleitzahl	λ	Watt durch Meter und Kelvin	W/(m · K)	
Brennwert	H_S	Kilowattstunden durch m^3 oder kg	kWh/kg oder kWh/m^3	
Heizwert	H_I	Kilowattstunden durch m^3 oder kg	kWh/kg oder kWh/m^3	
Leistung, mechanisch	P	Watt	W	$1\,W = 1\,\frac{N \cdot m}{s} = 1\,J/s$
Wärmeleistung, Wärmestrom, Norm-Heizlast	$\Phi, \dot{Q}$	Watt	W	
Masse	m	Kilogramm	kg	1 t = 1000 kg
Massenstrom	$\dot{m}$	Kilogramm durch Sekunde	kg/s	
Dichte	ϱ	Kilogramm durch Kubikmeter	kg/m^3	1 kg/dm^3 = 1 g/cm^3
Kraft	F	Newton	N	1 N = 1 kg · m/s^2
Druck	p	Pascal, Bar	Pa, bar	1 Pa = 1 N/m^2 1 mbar ≈ 1 cm WS
Elektrische Stromstärke	I	Ampere	A	
Elektrische Spannung	U	Volt	V	
Elektrischer Widerstand	R	Ohm	Ω	1 Ω = 1 V/A

1.2 Prozentrechnen

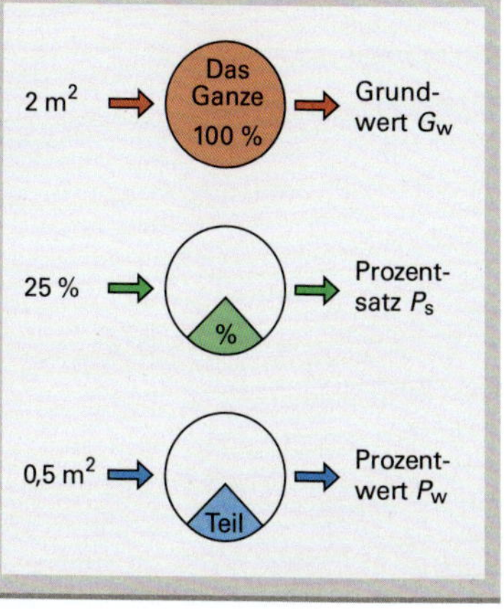

Grundwert

$$G_W = \frac{P_W}{P_s} \cdot 100\ \%$$

Prozentsatz

$$P_s = \frac{P_W}{G_W} \cdot 100\ \%$$

Prozentwert

$$P_W = \frac{G_W \cdot P_s}{100\ \%}$$

1.3 Längen

Teilung mit gleichen Abständen

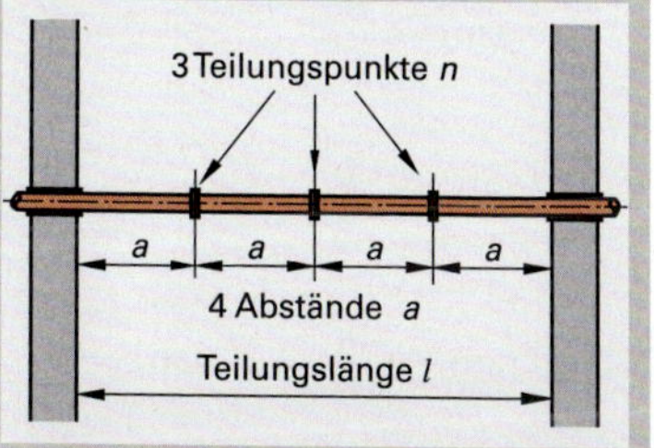

l	Teilungslänge	in m
L	Gesamtlänge	in m
b	Randabstand	in m
a	Abstand	in m
n	Anzahl der Teilungspunkte	

$$a = \frac{l}{n + 1}$$

$$n = \frac{l}{a} - 1$$

Umrechnung von Längeneinheiten
1 m = 10 dm = 100 cm = 1 000 mm
0,1 m = **1 dm** = 10 cm = 100 mm
0,01 m = 0,1 dm = **1 cm** = 10 mm
0,001 m = 0,01 dm = 0,1 cm = **1 mm**

Steigung

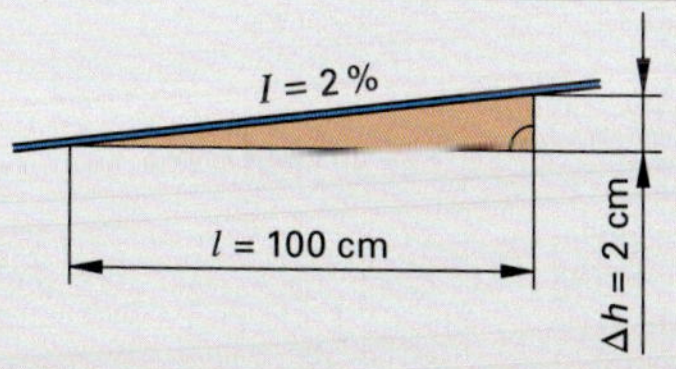

I_r	Relativsteigung	
$I_{\%}$	prozentuale Steigung	in %
l	Grundlänge	in m
Δh	Höhenunterschied	in m

$$I_r = \frac{\Delta h}{l}$$

$$I_{\%} = \frac{\Delta h}{l} \cdot 100\ \%$$

1.4 Lehrsatz des Pythagoras und Winkelfunktionen

Lehrsatz des Pythagoras

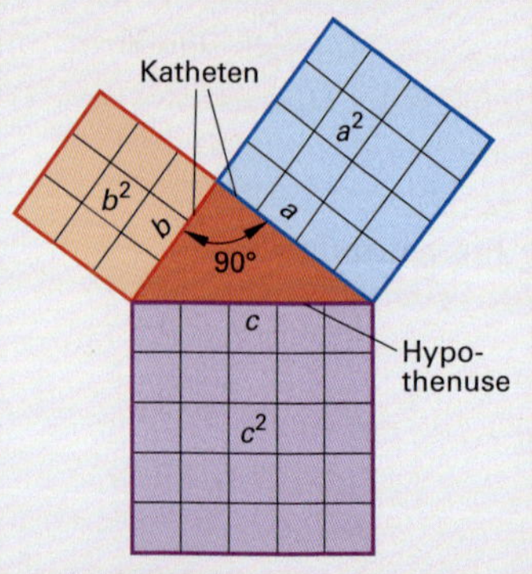

a und *b* Katheten, bilden den rechten Winkel
c Hypotenuse, gegenüber dem rechten Winkel

$$c^2 = a^2 + b^2$$

$$a^2 = c^2 - b^2$$

$$b^2 = c^2 - a^2$$

Winkelfunktionen

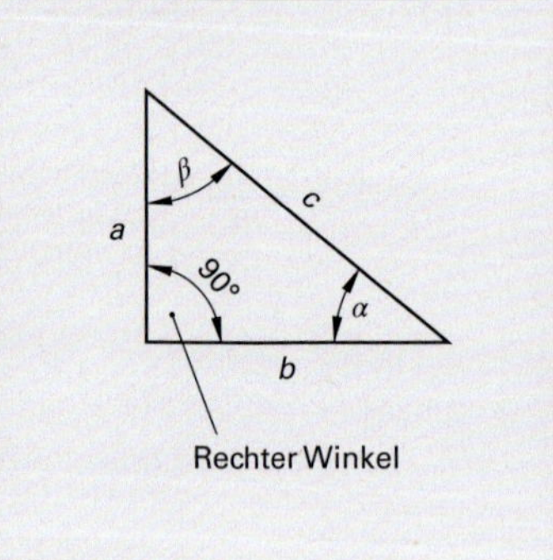

$\text{Sinus} = \dfrac{\text{Gegentkathete}}{\text{Hypotenuse}}$	$\sin\alpha = \dfrac{a}{c}$	$\sin\beta = \dfrac{b}{c}$
$\text{Cosinus} = \dfrac{\text{Ankathete}}{\text{Hypotenuse}}$	$\cos\alpha = \dfrac{b}{c}$	$\cos\beta = \dfrac{a}{c}$
$\text{Tangens} = \dfrac{\text{Gegenkathete}}{\text{Ankathete}}$	$\tan\alpha = \dfrac{a}{b}$	$\tan\beta = \dfrac{b}{a}$
$\text{Cotangens} = \dfrac{\text{Ankathete}}{\text{Gegenkathete}}$	$\cot\alpha = \dfrac{b}{a}$	$\cot\beta = \dfrac{a}{b}$

Winkelarten

Spitzer Winkel

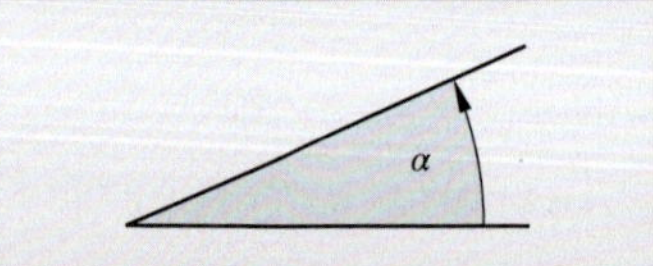

α liegt zwischen 0° und 90°

Rechter Winkel (R)

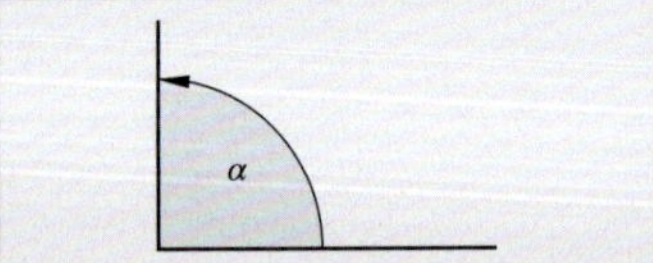

α ist 90° = 1 R

Stumpfer Winkel

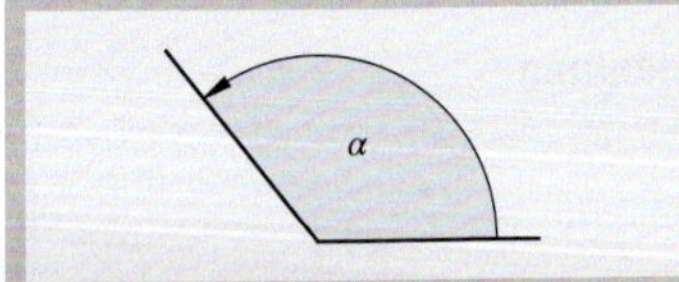

α liegt zwischen 90° und 180°

Gestreckter Winkel (2 R)

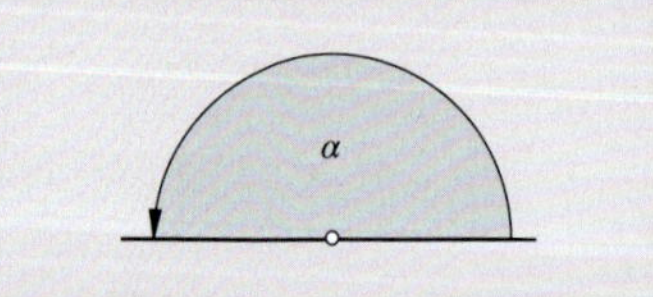

α ist 180° = 2 · R

Überstumpfer Winkel

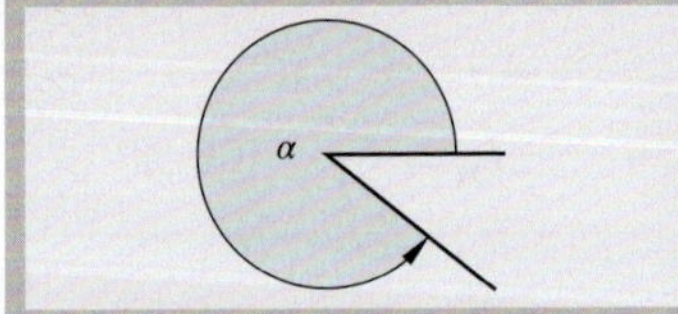

α liegt zwischen 180° und 360°

Vollwinkel (4 R)

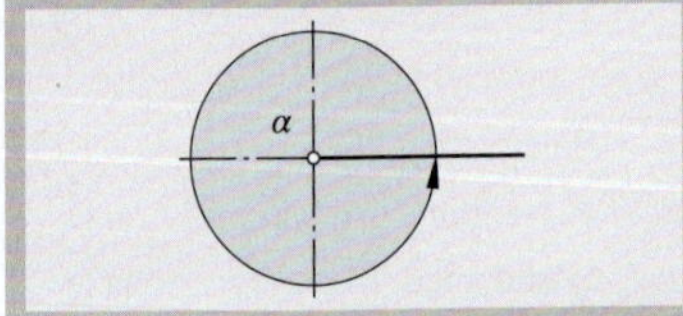

α ist 360° = 4 · R

1.5 Flächen

Quadrat

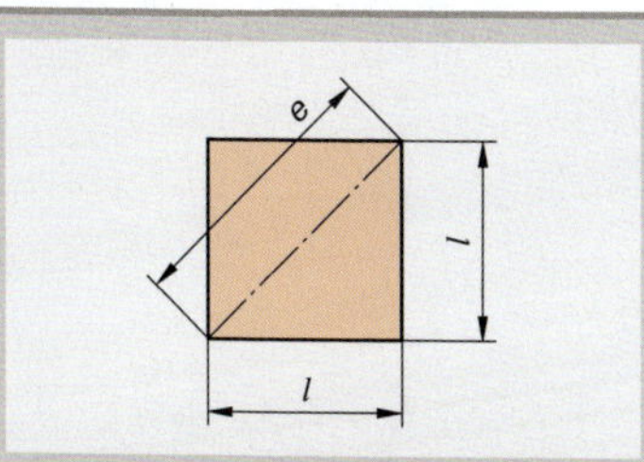

l Seitenlänge in m
e Eckenmaß in m
A Fläche in m²
U Umfang in m

$$A = l^2 \qquad l = \sqrt{A}$$

$$U = 4 \cdot l \qquad l = \frac{U}{4}$$

$$e = \sqrt{2 \cdot l^2} \qquad l = \frac{e}{\sqrt{2}}$$

Umrechnung von Flächeneinheiten
1 m² = 100 dm² = 10 000 cm² = 1 000 000 mm²
0,01 m² = **1 dm²** = 100 cm² = 10 000 mm²
0,0001 m² = 0,01 dm² = **1 cm²** = 100 mm²
0,000 001 m² = 0,0001 dm² = 0,01 cm² = **1 mm²**

Rechteck

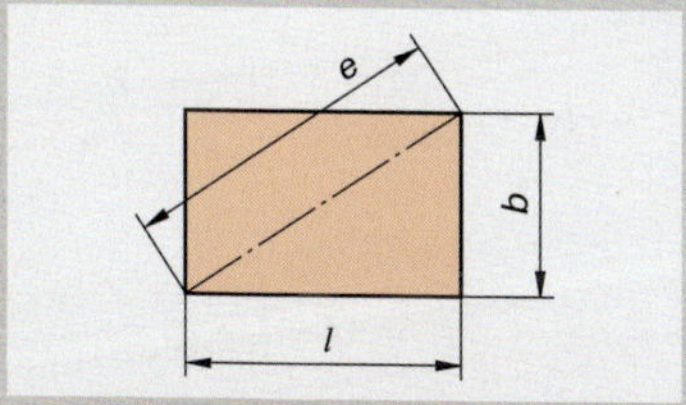

l Seitenlänge in m
b Breite in m
e Eckenmaß in m
A Fläche in m²
U Umfang in m

$$A = l \cdot b \qquad l = \frac{A}{b} \qquad b = \frac{A}{l}$$

$$U = 2 \cdot (l + b) \qquad l = \frac{U}{2} - b \qquad b = \frac{U}{2} - l$$

$$e = \sqrt{l^2 + b^2} \qquad l = \sqrt{e^2 - b^2} \qquad b = \sqrt{e^2 - l^2}$$

Rhomboid (Parallelogramm)

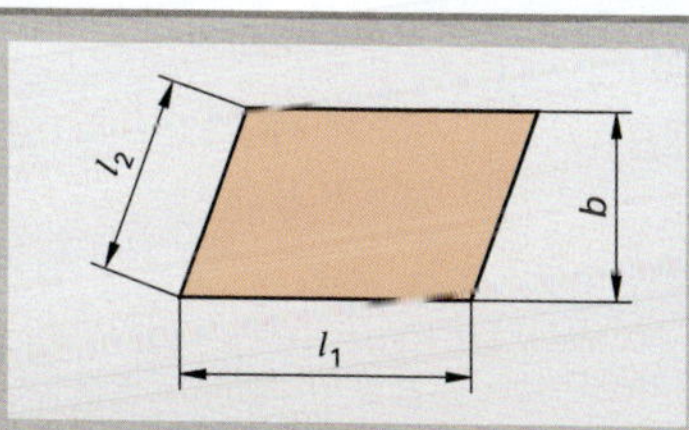

l Seitenlänge in m
b Breite in m
A Fläche in m²
U Umfang in m

$$A = l_1 \cdot b \qquad l_1 = \frac{A}{b} \qquad b = \frac{A}{l_1}$$

$$U = 2 \cdot (l_1 + l_2) \qquad l_1 = \frac{U}{2} - l_2 \qquad l_2 = \frac{U}{2} - l_1$$

Trapez

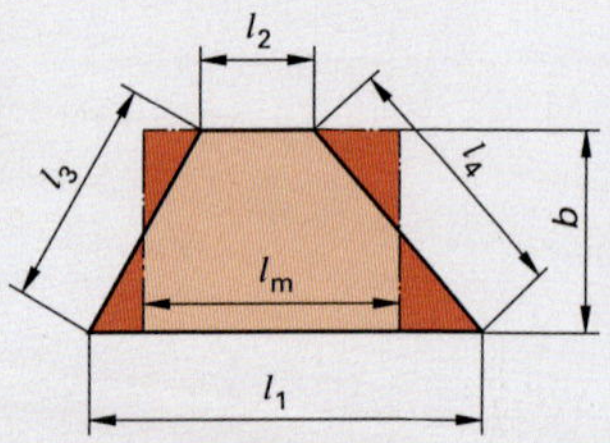

l_1	große Länge	in m
l_2	kleine Länge	in m
l_m	mittlere Länge	in m
b	Breite	in m
A	Fläche	in m²
U	Umfang	in m

$$A = \frac{l_1 + l_2}{2} \cdot b$$

$$b = \frac{2 \cdot A}{l_1 + l_2} \qquad l_1 = \frac{2 \cdot A}{b} - l_2 \qquad l_2 = \frac{2 \cdot A}{b} - l_1$$

$$l_m = \frac{l_1 + l_2}{2}$$

$$l_1 = 2 \cdot l_m - l_2 \qquad l_2 = 2 \cdot l_m - l_1$$

$$A = l_m \cdot b$$

$$b = \frac{A}{l_m} \qquad l_m = \frac{A}{b}$$

$$U = l_1 + l_2 + l_3 + l_4$$

Dreieck

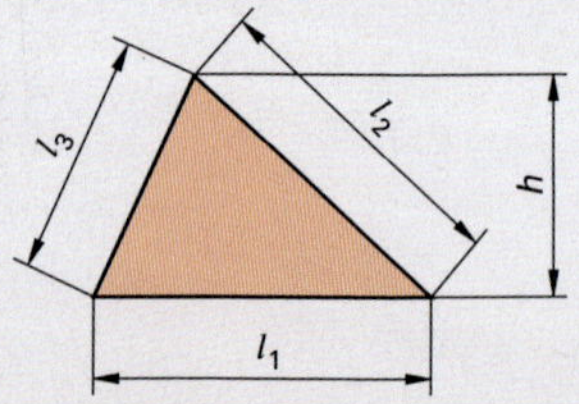

l	Seitenlänge	in m
h	Höhe	in m
A	Fläche	in m²
U	Umfang	in m

$$A = \frac{l_1 \cdot h}{2}$$

$$l_1 = \frac{2 \cdot A}{h} \qquad h = \frac{2 \cdot A}{l_1}$$

$$U = l_1 + l_2 + l_3$$

$$l_1 = U - (l_2 + l_3)$$

$$l_2 = U - (l_1 + l_3)$$

$$l_3 = U - (l_1 + l_2)$$

Kreis

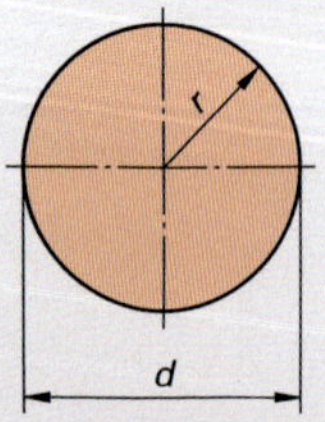

d	Durchmesser	in m
r	Radius	in m
U	Umfang	in m
A	Fläche	in m²

$$A = \frac{\pi \cdot d^2}{4} \qquad d = \sqrt{\frac{4 \cdot A}{\pi}}$$

$$A = \pi \cdot r^2 \qquad r = \sqrt{\frac{A}{\pi}}$$

$$A = d^2 \cdot 0{,}785 \qquad d = \sqrt{\frac{A}{0{,}785}}$$

$$U = \pi \cdot d \qquad d = \frac{U}{\pi}$$

Kreisausschnitt

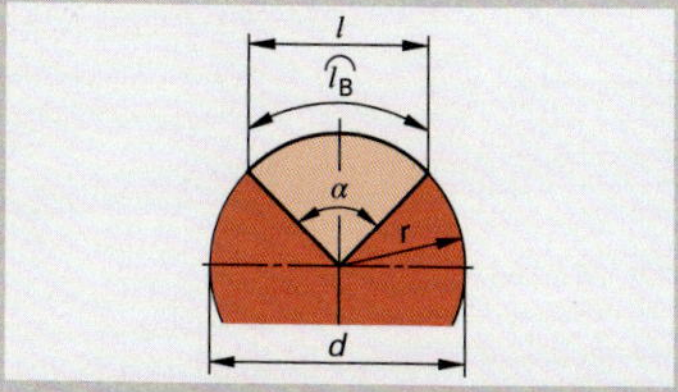

d	Durchmesser	in m
r	Radius	in m
l	Sehnenlänge	in m
A	Fläche	in m²
α	Mittelpunktswinkel	in °

$$A = \frac{d^2 \cdot 0{,}785 \cdot \alpha}{360°}$$

$$l_B = \frac{\pi \cdot r \cdot \alpha}{180°}$$

$$r = \frac{l_B}{\pi} \cdot \frac{180°}{\alpha}$$

$$\alpha = \frac{l_B}{\pi \cdot r} \cdot 180°$$

Kreisabschnitt

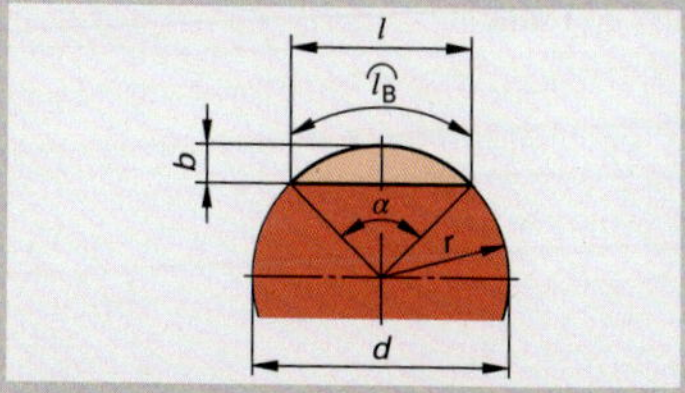

l	Sehnenlänge	in m
d	Durchmesser	in m
b	Breite	in m
A	Fläche	in m²
α	Mittelpunktswinkel	in °

$$A = \frac{2 \cdot l \cdot b}{3}$$

$$b = \frac{d \cdot \pi \cdot \alpha}{360°}$$

Kreisring

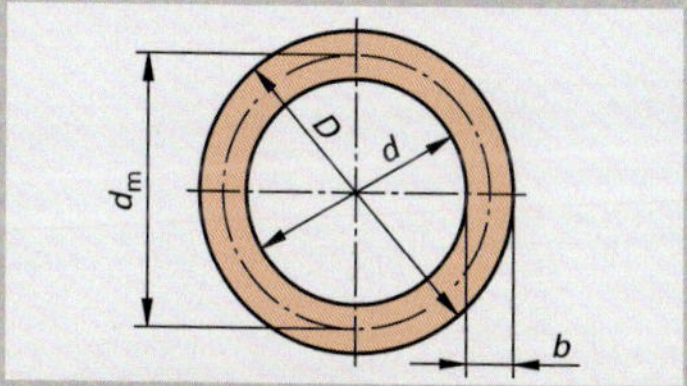

D	Außendurchmesser	in m
d	Innendurchmesser	in m
d_m	mittlerer Durchmesser	in m
b	Breite	in m
U	Umfang	in m
A	Fläche	in m²

$$A = 0{,}785 \cdot (D^2 - d^2)$$

$$U = \pi \cdot (D + d)$$

$$D = \frac{U}{\pi} - d$$

$$d = \frac{U}{\pi} - D$$

Ellipse

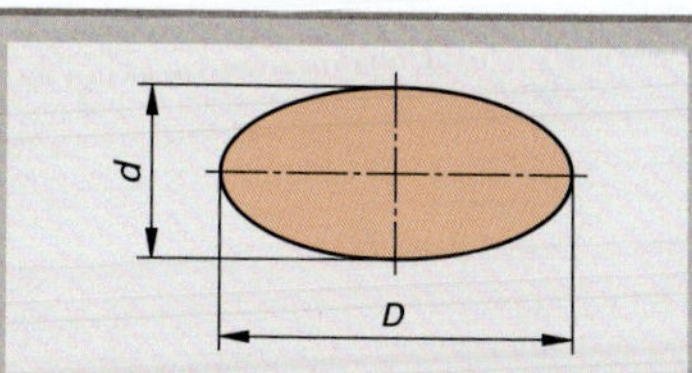

D	Länge	in m
d	Breite	in m
U	Umfang	in m
A	Fläche	in m²

$$A = D \cdot d \cdot 0{,}785$$

$$U = \pi \cdot \frac{D + d}{2}$$

$$D = \frac{2 \cdot U}{\pi} - d$$

$$d = \frac{2 \cdot U}{\pi} - D$$

1.6 Volumen

Würfel

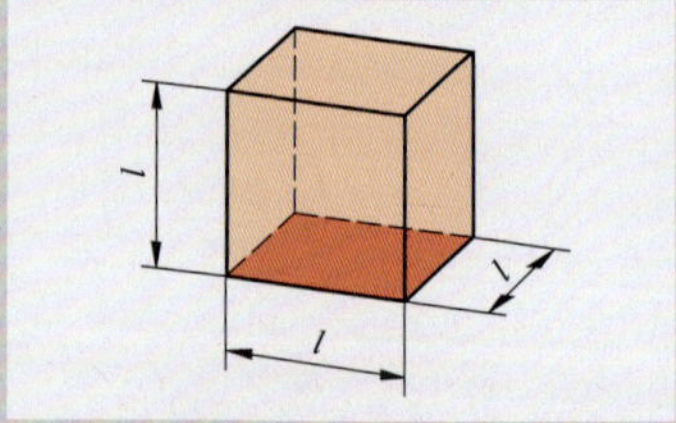

l	Seitenlänge	in m
V	Volumen	in m^3
A_0	Oberfläche	in m^2

$$V = l^3$$

$$l = \sqrt[3]{V}$$

$$A_O = 6 \cdot l^2$$

$$l = \sqrt{\frac{A_O}{6}}$$

Umrechnung von Volumeneinheiten

1 m^3 = 1000 dm^3 = 1 000 000 cm^3

0,001 m^3 = **1 dm^3** = 1000 cm^3 = 1 000 000 mm^3

0,000 001 m^3 = 0,001 dm^3 = **1 cm^3** = 1000 mm^3

0,000 001 dm^3 = 0,001 cm^3 = **1 mm^3**

Prismatische und zylindrische Körper

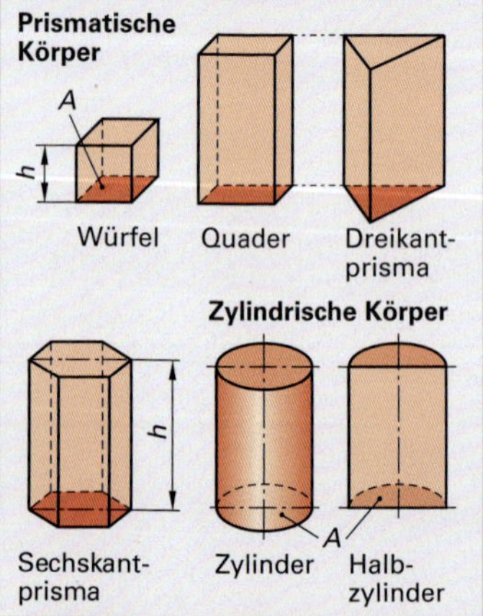

h	Höhe	in m
A	Fläche	in m^2
V	Volumen	in m^3

$$V = A \cdot h$$

$$A = \frac{V}{h}$$

$$h = \frac{V}{A}$$

Hohlzylinder

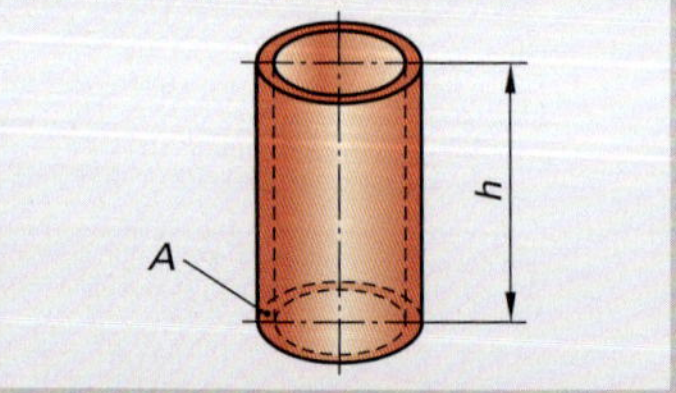

h	Höhe	in m
d_m	mittlerer Durchmesser	in m
D	äußerer Durchmesser	in m
d	innerer Durchmesser	in m
s	Wandstärke	in m
A	Fläche	in m^2
V	Volumen	in m^3

$$A = d_m \cdot \pi \cdot s$$

$$d_m = \frac{D + d}{2}$$

$$s = \frac{D - d}{2}$$

$$A = D^2 \cdot 0{,}785 - d^2 \cdot 0{,}785$$

$$A = (D^2 - d^2) \cdot 0{,}785$$

Pyramiden und Kegel

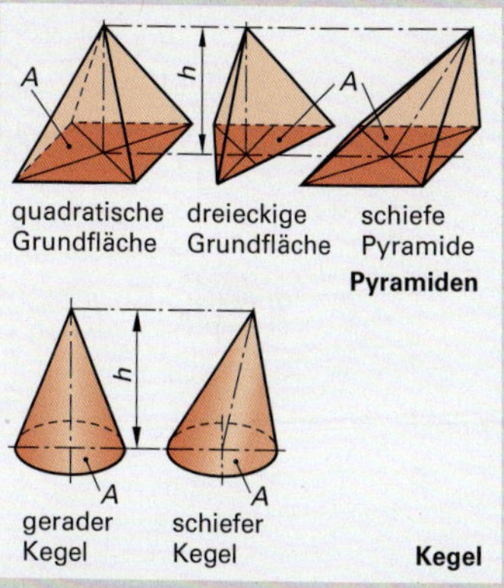

h	Höhe	in m
h_s	Seitenhöhe	in m
A	Fläche	in m^2
A_m	Kegelmantelfläche	in m^2
V	Volumen	in m^3

$$V = \frac{A \cdot h}{3}$$

$$A = \frac{3 \cdot V}{h}$$

$$h = \frac{3 \cdot V}{A}$$

$$A_m = \frac{d \cdot \pi \cdot h_s}{2}$$

$$h_s = \sqrt{h^2 + r^2}$$

Pyramidenstumpf

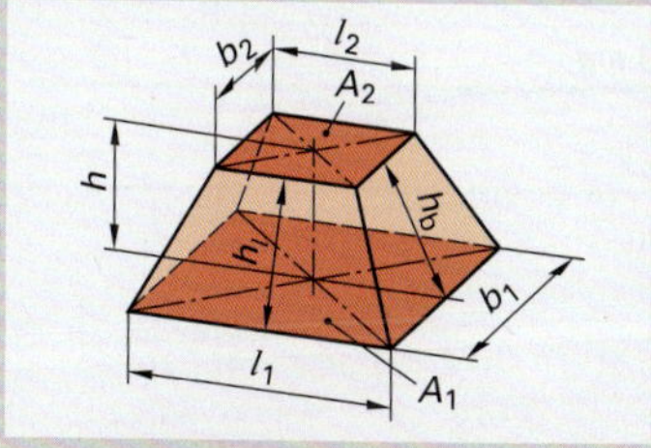

l_1, l_2	Seitenlängen	in m
b_1, b_2	Breiten	in m
h	Höhe	in m
h_b, h_l	Mantelhöhen	in m
V	Volumen	in m^3
A_1	Grundfläche	in m^2
A_2	Deckfläche	in m^2
A_M	Mantelfläche	in m^2

$$V = \frac{h}{3} \cdot (A_1 + A_2 + \sqrt{A_1 \cdot A_2})$$

$$h = \frac{3 \cdot V}{A_1 + A_2 + \sqrt{A_1 \cdot A_2}}$$

$$A_M = (l_1 + l_2) \cdot h_l + (b_1 + b_2) \cdot h_b$$

Kegelstumpf

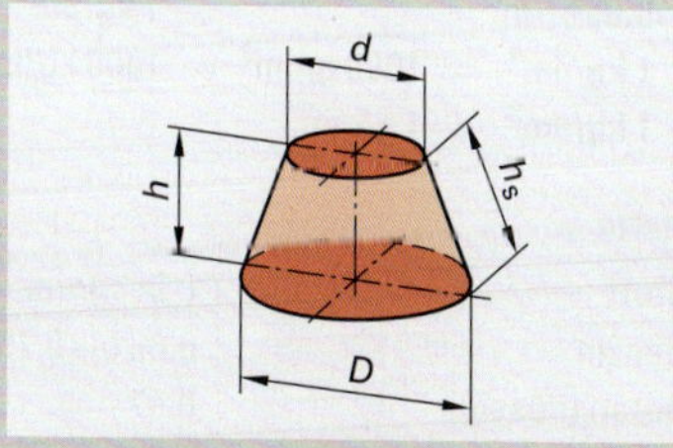

D	großer Durchmesser	in m
d	kleiner Durchmesser	in m
h	Höhe	in m
h_S	Mantelhöhe	in m
V	Volumen	in m^3
A_M	Mantelfläche	in m^2

$$V = \frac{\pi \cdot h}{12} \cdot (D^2 + d^2 + D \cdot d)$$

$$A_M = \frac{\pi \cdot h_S}{2} \cdot (D + d)$$

Kugel

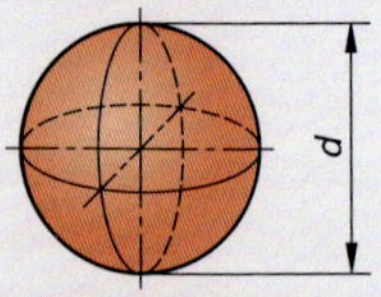

d	Durchmesser	in m
r	Radius	in m
V	Volumen	in m³
A_0	Oberfläche	in m²

$$V = \frac{\pi \cdot d^3}{6}$$

$$d = \sqrt[3]{\frac{6 \cdot V}{\pi}}$$

$$A_O = \pi \cdot d^2$$

$$d = \sqrt{\frac{A_O}{\pi}}$$

1.7 Masse, Dichte und Volumen

Masse

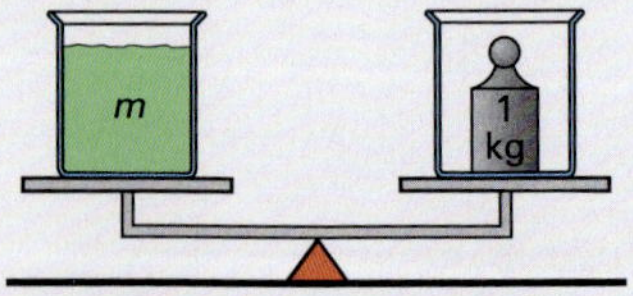

m	Masse	in kg
V	Volumen	in m³
ϱ	Dichte	in kg/m³

$$m = V \cdot \varrho$$

$$V = \frac{m}{\varrho}$$

Umrechnung von Masseeinheiten
1 t = 1000 kg = 1 000 000 g
0,001 t = **1 kg** = 1000 g = 1 000 000 mg
0,000 001 t = 0,001 kg = **1 g** = 1000 mg
0,000 001 kg = 0,001 g = **1 mg**

Längenbezogene Masse

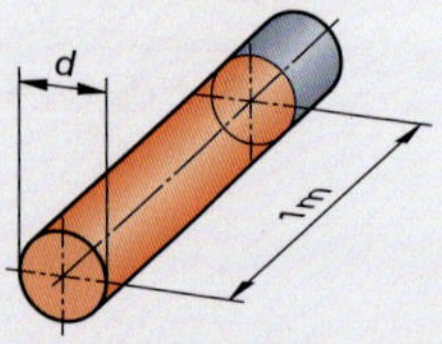

m	Masse	in kg
l	Länge	in m
m'	längenbezogene Masse	in kg/m

$$m = m' \cdot l$$

Dichte

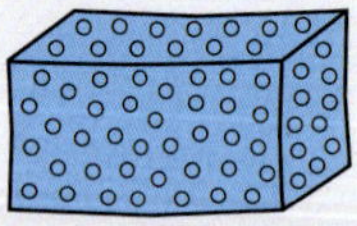

m	Masse	in kg
V	Volumen	in m³
ϱ	Dichte	in kg/m³

$$\varrho = \frac{m}{V}$$

Umrechnung von Dichteeinheiten				
1 t/m³	=	1000 kg/m³	=	**1 kg/dm³**
0,001 t/m³	=			**1 kg/dm³**
1 kg/dm³	=	1000 g/dm³	=	1000 kg/m³
1 kg/dm³	=	**1 g/cm³**		

Tabelle 1: Dichten fester und flüssiger Stoffe

Stoff	Zustand	ϱ in kg/dm³	Stoff	Zustand	ϱ in kg/dm³
Aluminium	s	2,70	Benzin	l	0,68 bis 0,75
Blei	s	11,34	Butan (flüssig)	l	0,57
Eis	s	0,88 bis 0,92	Heizöl	l	0,84
Gold	s	1	Propan (flüssig)	l	0,51
Kupfer	s	8,93	Quecksilber	l	13,55
Stahl	s	7,85	Wasser bei +4 °C	l	1,00
Zink	s	7,15			

s feste Stoffe, l flüssige Stoffe

Spezifisches Volumen

v	spezifisches Volumen	in m^3/kg
V	Volumen	in m^3
m	Masse	in kg
ϱ	Dichte	in kg/m^3

$$v = \frac{V}{m}$$

$$v = \frac{1}{\varrho}$$

$$m = \frac{V}{v}$$

Substanz	Dichte (kg/m^3)	Bestimmtes (m^3/kg)	Substanz	Dichte (kg/m^3)	Bestimmtes (m^3/kg)
Luft	1,225	0,78	Kohlendioxid	1,977	0,506
Eis	916,7	0,00109	Chlor	2,994	0,334
Wasser (flüssig)	1000	0,00100	Wasserstoff	0,0899	11,12
Salzwasser	1030	0,00097	Methan	0,717	1,39
Quecksilber	13546	0,00007	Stickstoff	1,25	0,799
R-22	3,66	0,273	Dampf	0,804	1,24
Ammoniak	0,769	1,30			

1.8 Gewichtskraft

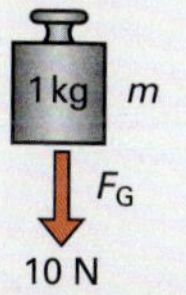

F	Gewichtskraft	in N
m	Masse	in kg
g	Fallbeschleunigung $= 9{,}81\ m/s^2 \approx 10\ m/s^2$	in m/s^2

$$F_G = m \cdot g$$

$$m = \frac{F_G}{g}$$

$$1\ \frac{kg \cdot m}{s^2} = 1\ N$$

Umrechnung von Kräfteeinheiten				
1 MN	=	1000 kN	=	1 000 000 N
0,001 MN	=	**1 kN**	=	1000 N
0,000 001 MN	=	0,001 kN	=	**1 N**

1.9 Drehmoment und Hebel

Drehmoment

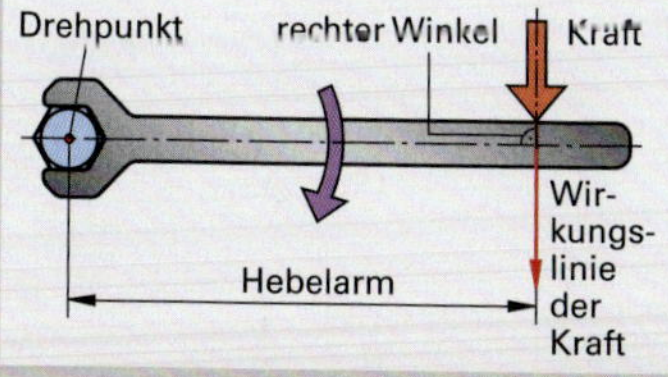

M	Drehmoment	in N · m
F	Kraft	in N
l	Hebelarm	in m

$$M = F \cdot l$$

$$F = \frac{M}{l}$$

$$l = \frac{M}{F}$$

Hebelgesetz

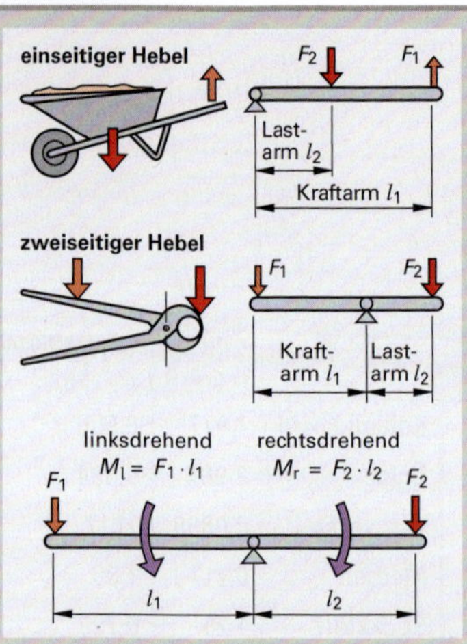

F_1, F_2	Kräfte	in N
r_1, r_2	Hebelarme	in m

$$F_1 \cdot r_1 = F_2 \cdot r_2$$

$$F_1 = \frac{F_2 \cdot l_2}{l_1}$$

$$F_2 = \frac{F_1 \cdot l_1}{l_2}$$

$$l_1 = \frac{F_2 \cdot l_2}{F_1}$$

$$l_2 = \frac{F_1 \cdot l_1}{F_2}$$

1.10 Gradlinige und kreisförmige Bewegung

Geschwindigkeit

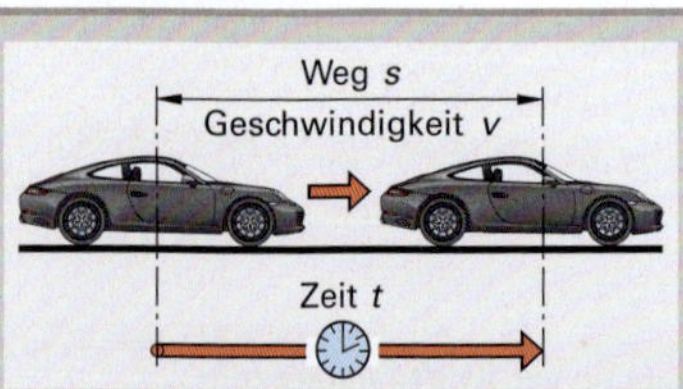

v	Geschwindigkeit	in m/s
s	Weg	in m
t	Zeit	in s

$$v = \frac{s}{t}$$

$$s = v \cdot t$$

$$t = \frac{s}{v}$$

Umrechnung von Zeiteinheiten				
1 s	=	$\frac{1}{60}$ min	=	$\frac{1}{3\,600}$ h
60 s	=	**1 min**	=	$\frac{1}{60}$ h
3 600 s	=	60 min	=	**1 h**

Umrechnung von Geschwindigkeitseinheiten				
1 km/h	=	1000 m/h	=	16,67 m/min
0,06 km/h	=	**1 m/min**	=	**1,67 cm/s**
3,6 km/h	=	60 m/min	=	**1 m/s**

Umfangsgeschwindigkeit

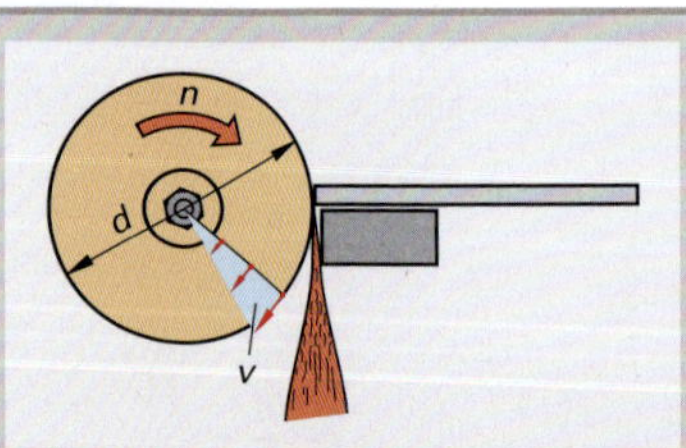

v	Umfangsgeschwindigkeit	in m/s
d	Durchmesser	in m
n	Drehfrequenz	in 1/s

$$v = d \cdot \pi \cdot n$$

$$n = \frac{v}{\pi \cdot d}$$

$$d = \frac{v}{\pi \cdot n}$$

1.11 Mechanische Arbeit, Leistung und Wirkungsgrad

Mechanische Arbeit

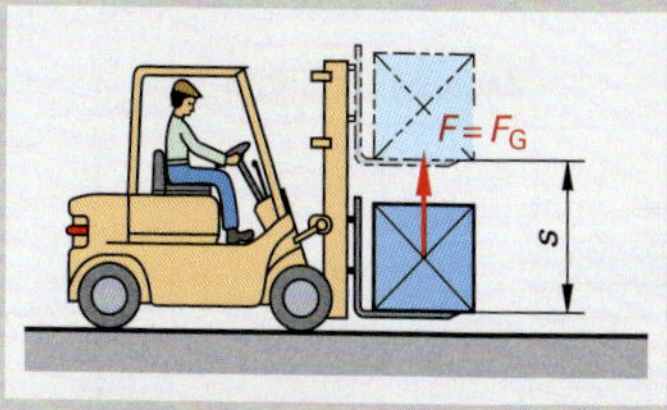

W	mechanische Arbeit	in Nm
F	Kraft	in N
s	Weg	in m

$$W = F \cdot s$$

$$F = \frac{W}{s}$$

$$s = \frac{W}{F}$$

Umrechnung von Arbeits- oder Energieeinheiten				
1 MJ	=	1000 kJ	=	1 000 000 J
0,001 MJ	=	**1 kJ**	=	1000 J
0,000 001 MJ	=	0,001 J	=	**1 J**
1 J	=	1 Nm	=	**1 Ws**

Mechanische Leistung

P	mechanische Leistung	in W
W	mechanische Arbeit	in Nm
t	Zeit	in s
F	Kraft	in N

$$P = \frac{W}{t} \qquad P = \frac{F \cdot s}{t}$$

$$F = \frac{P \cdot t}{s}$$

$$s = \frac{P \cdot t}{F}$$

$$t = \frac{F \cdot s}{P}$$

Wirkungsgrad

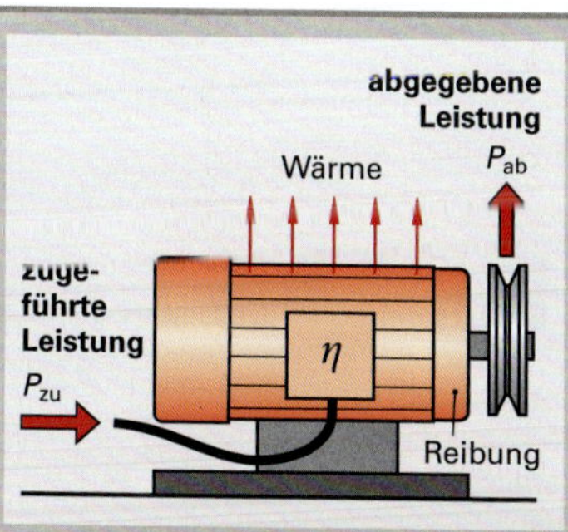

P_{zu}	zugeführte Leistung	in W
P_{ab}	abgegebene Leistung	in W
η	Wirkungsgrad	

$$\eta = \frac{P_{ab}}{P_{zu}}$$

$$P_{ab} = \eta \cdot P_{zu}$$

$$P_{zu} = \frac{P_{ab}}{\eta}$$

1.12 Kostenrechnung

Zuschlagskalkulation

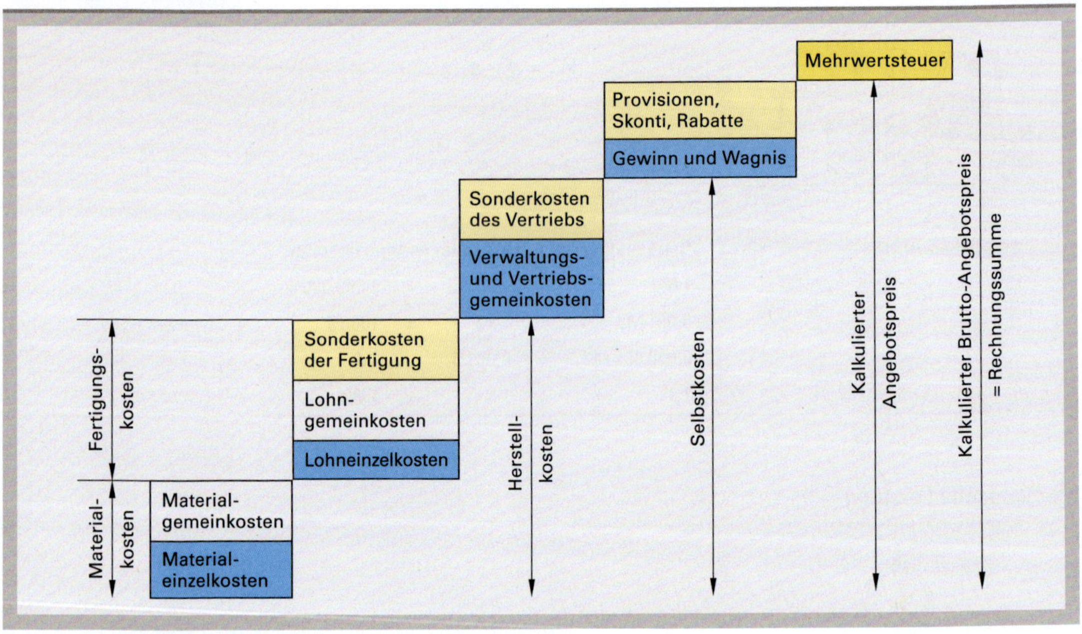

	Materialeinzelkosten
+	Materialgemeinkosten
+	Lohneinzelkosten
+	Lohngemeinkosten
+	Sonderkosten der Fertigung
=	**Herstellkosten**
+	Verwaltungsgemeinkosten
+	Vertriebsgemeinkosten
+	Sonderkosten des Vertriebs
=	**Selbstkosten**
+	Wagnis- und Gewinnzuschlag
+	Provisionen, Skonti, Rabatte
=	**Kalkulierter Netto-Angebotspreis**
+	Mehrwertsteuer
=	**Kalkulierter Brutto-Angebotspreis**

Ermittlung der Materialkosten

	Materialeinzelkosten (Brutto-Einkaufspreis)
–	Rabatt
–	Skonto
–	Bonus
+	Bezugskosten
+	Materialverlust (Verschnitt)
=	**Materialeinzelkosten netto**
+	Materialgemeinkostenzuschlagsatz
+	Gewinnzuschlag (z. B. 3 – 5 %)
=	**Materialverrechnungskosten**
+	Mehrwertsteuer
=	**Materialverkaufspreis**

Struktur des Angebots

Vertragsbedingungen

Pos.	Menge	Leistung	Einheitspreis	Gesamtpreis
			Netto-Angebotspreis	
			+ Mehrwertsteuer	
			= Brutto-Angebotspreis	
			Ditzingen, den Bieter:	

2 Trinkwassertechnik

2.1 Druck in Flüssigkeiten

Druckeinheiten

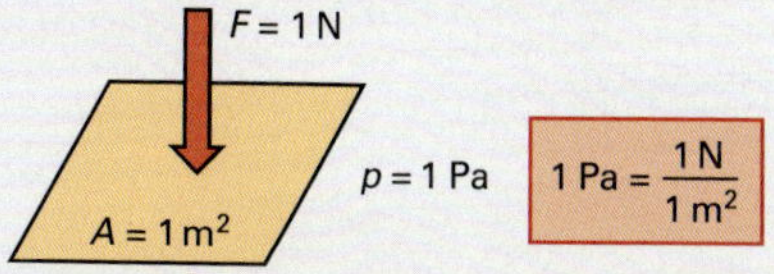

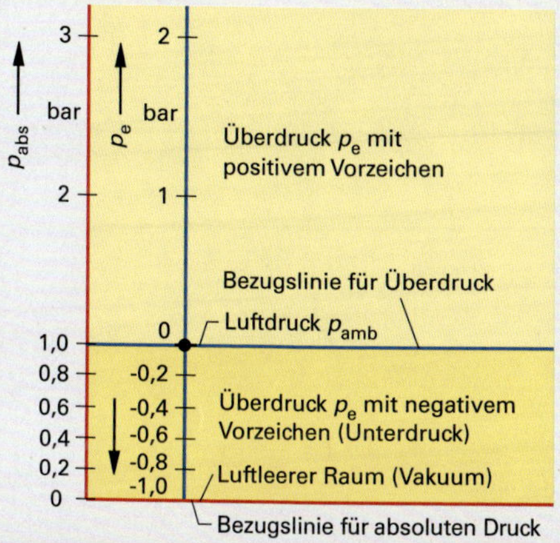

p	Druck	in Pa
F	Kraft	in N
A	Fläche	in m^2
p_e	Überdruck	in Pa
p_{abs}	absoluter Druck	in Pa
p_{amb}	Luftdruck	in Pa

$$p = \frac{F}{A}$$

$$F = p \cdot A$$

$$A = \frac{F}{p}$$

$$p_e = p_{abs} - p_{amb}$$

$$p_{amb} = p_{abs} - p_e$$

$$p_{abs} = p_{amb} + p_e$$

Umrechnung von Druckeinheiten

1 bar	=	10 N/cm²	=	100 000 N/mm²
0,001 bar	=	**1 mbar**	=	100 N/mm²
0,000 01 bar	=	0,01 mbar	=	**1 N/m² = 1 Pa**
10 mWS	≙	1 bar	=	100 000 Pa
1 cmWS	≙	1 mbar	=	100 Pa = 1 hPa
1 MPa	≙	10 000 hPa	=	10 bar

Hydrostatischer Druck

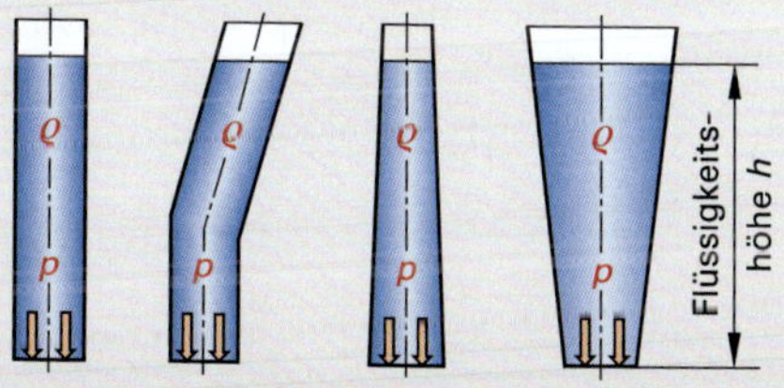

p	hydrostatischer Druck	in Pa
h	senkrechte Flüssigkeitshöhe	in m
ϱ	Dichte der Flüssigkeit	in kg/m²
g	Fallbeschleunigung	in m/s²

$g = 9{,}81\ m/s^2$

$$p = h \cdot \varrho \cdot g$$

$$h = \frac{p}{\varrho \cdot g}$$

$$\varrho = \frac{p}{h \cdot g}$$

2.2 Strömung in Rohrleitungen

Volumenstrom

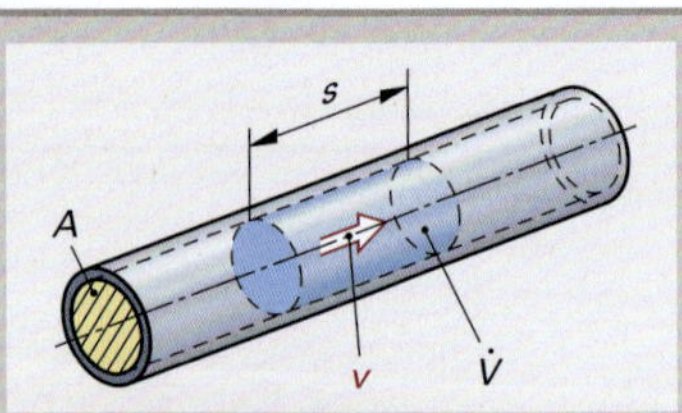

$\dot{V}$	Volumenstrom	in m³/s
A	Strömungsquerschnitt	in m²
v	Fließgeschwindigkeit	in m/s
s	Fließweg	in m
t	Zeit	in s

$$\dot{V} = A \cdot v$$

$$A = \frac{\dot{V}}{v}$$

$$v = \frac{\dot{V}}{A}$$

Ausflussvolumen

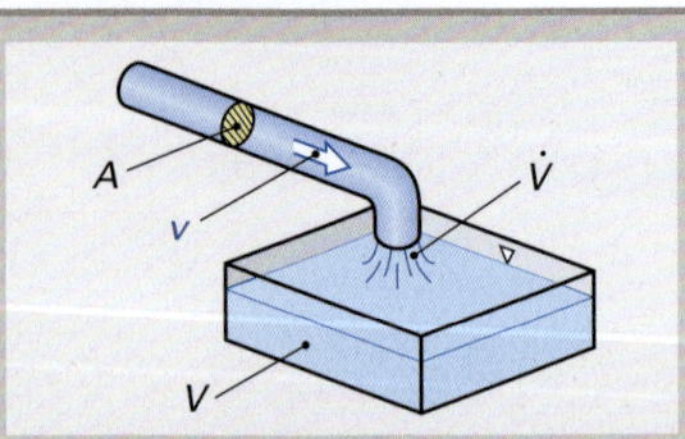

V	Ausflussvolumen	in m³
A	Strömungsquerschnitt	in m²
v	Fließgeschwindigkeit	in m/s
t	Zeit	in s
$\dot{V}$	Volumenstrom	in m³/s

$$V = A \cdot v \cdot t$$

$$A = \frac{V}{v \cdot t} \qquad v = \frac{V}{A \cdot t}$$

$$t = \frac{V}{A \cdot v}$$

$$V = \dot{V} \cdot t$$

$$\dot{V} = \frac{V}{t} \qquad t = \frac{V}{\dot{V}}$$

Kontinuitätsgesetz

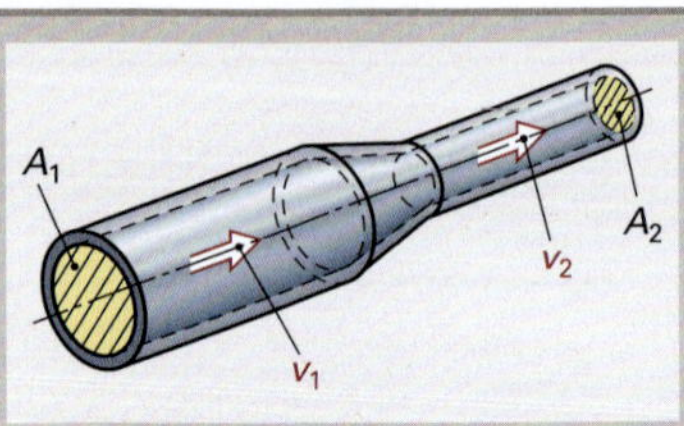

A_1, A_2	Fläche	in m²
v_1, v_2	Fließgeschwindigkeit	in m/s

$$A_1 \cdot v_1 = A_2 \cdot v_2$$

$$A_1 = \frac{v_1 \cdot v_2}{v_1} \qquad v_1 = \frac{A_2 \cdot v_2}{A_1}$$

$$v_2 = \frac{A_1 + v_1}{A_2} \qquad A_2 = \frac{A_1 \cdot v_1}{v_2}$$

Fließdruck (und Volumenstrom)

p_1	Fließdruck 1	in Pa
p_2	Fließdruck 2	in Pa
$\dot{V}_1$	Volumenstrom 1	in l/min (Durchfluss)
$\dot{V}_2$	Volumenstrom 2	in l/min (Durchfluss)

$$\frac{p_1}{p_2} - \left(\frac{\dot{V}_1}{\dot{V}_2}\right)^2$$

$$\dot{V}_1 = \dot{V}_2 \cdot \sqrt{\frac{p_2}{p_1}}$$

$$\dot{V}_2 = \dot{V}_1 \cdot \sqrt{\frac{p_1}{p_2}}$$

2.3 Druckarten in Rohrleitungen

Dynamischer Druck

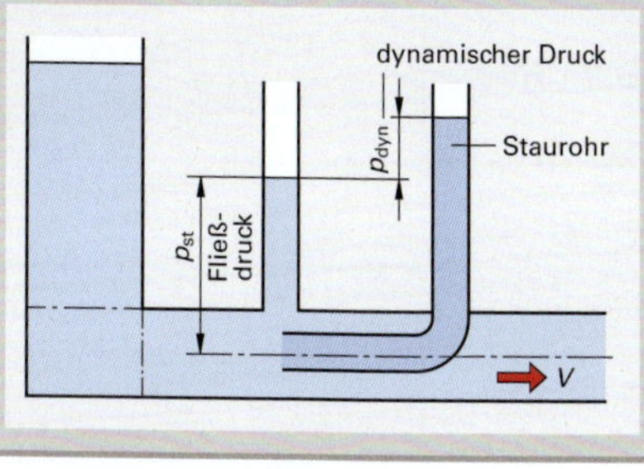

$$p_{dyn} = \frac{\varrho \cdot v^2}{2}$$

$$v = \sqrt{\frac{2 \cdot p_{dyn}}{\varrho}}$$

p_{dyn} dynamischer Druck in Pa; ϱ Dichte der Flüssigkeit in kg/m²
v Fließgeschwindigkeit in m/s

Gesamtdruck

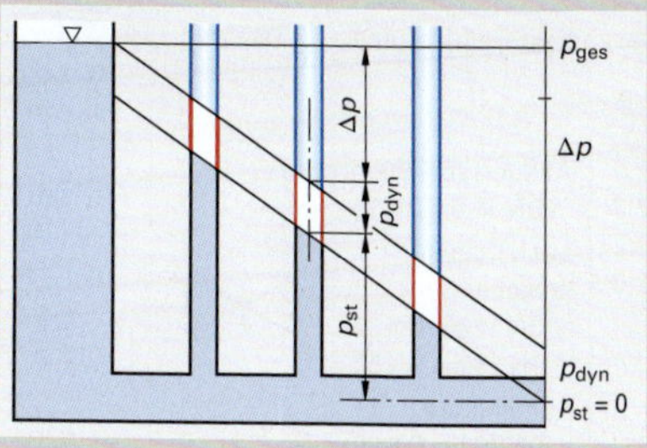

$$p_{ges} = p_{st} + p_{dyn} + \Delta p$$

p_{ges} Gesamtdruck in Pa; p_{st} statischer Druck in Pa;
p_{dyn} dynamischer Druck in Pa; Δp Druckverluste in Pa

Richtwerte für Mindestfließdrücke und Berechnungsdurchflüsse gebräuchlicher Trinkwasserentnahmestellen

Mindest-fließdruck[1]	Art der Trinkwasser-Entnahmestelle	Berechnungsdurchfluss bei der Entnahme von		
		Mischwasser		nur kaltem oder erwärmtem Trinkwasser
$P_{min\,Fl}$ hPa		$\dot{V}_R$ kalt l/s	$\dot{V}_R$ warm l/s	$\dot{V}_R$ l/s
	Auslaufventile			
500	ohne Luftsprudler[2] DN15	–	–	0,30
500	.... DN20	–	–	0,50
500	.... DN25	–	–	1,00
1000	mit Luftsprudler DN10	–	–	0,15
1000	.... DN15	–	–	0,15
1000	Duschköpfe für Reinigungsbrausen........ DN15	0,10	0,10	0,20
1200	Druckspüler............................. DN15	–	–	0,70
1200	Druckspüler............................. DN20	–	–	1,00
400	Druckspüler............................. DN25	–	–	1,00
1000	Druckspüler für Urinalbecken DN15	–	–	0,30
500	Haushaltsgeschirrspülmaschine DN15	–	–	0,07
500	Haushaltswaschmaschine................ DN15	–	–	0,15
	Mischbatterie für			
1000	Duschwannen............................ DN15	0,15	0,15	–
1000	Badewannen DN15	0,15	0,15	–
1000	Küchenspülen............................ DN15	0,07	0,07	–
1000	Waschtische............................. DN15	0,07	0,07	–
1000	Sitzwaschbecken DN15	0,07	0,07	–
1000	Mischbatterie........................... DN20	0,30	0,30	–
500	Spülkasten............................. DN15	–	–	0,13
1000	Elektro-Kochendwassergerät............ DN15	–	–	0,10[3]

[1] Eckventile sind als Einzelwiderstände zu berücksichtigen.
[2] Bei Auslaufventilen ohne Luftsprudler und mit Schlauchverschraubung wird der Druckverlust in der Schlauchleitung (bis 10 m Länge) und im angeschlossenen Apparat (z. B. Rasensprenger) pauschal über den Mindestfließdruck berücksichtigt. In diesem Fall erhöht sich der Mindestfließdruck um 1000 hPa auf 1500 hPa.
[3] Bei voll geöffneter Drosselschraube.

2.4 Druckverluste in Rohrleitungen

Druckverluste in geraden Rohrstrecken Δp_R

Δp_R	Druckverlust	in mbar, Pa
l	Länge der Rohrstrecke	in m
R	Rohrreibungsdruckgefälle (R-Wert)	in mbar/m, Pa/m

$$\Delta p_R = l \cdot R$$

$$R = \frac{\Delta p_R}{l}$$

Einzelwiderstände Z

Z	Druckverlust der Einzelwiderstände	in mbar, Pa
$\sum \zeta$	Summe der Widerstandsbeiwerte	
ϱ	Dichte des Mediums	in kg/m³
v	Fließgeschwindigkeit	in m/s

$$Z = \sum \zeta \cdot \frac{\varrho \cdot v^2}{2}$$

Widerstandsbeiwerte (ζ-Werte) von Einzelwiderständen

Einzelwiderstand	Symbol	Widerstandsbeiwert ξ
Abzweig, Stromtrennung		DN 12 2,1 DN 15 2,3 DN 20 1,2 DN 25 2,0
Abzweig, Stromvereinigung		DN 12 1,7 DN 15 1,6 DN 20 1,5 DN 25 1,5
Abzweig, Durchgang bei Stromtrennung		DN 12 0,9 DN 15 0,7 DN 20 0,7 DN 25 0,7
Abzweig, Gegenlauf bei Stromvereinigung		DN 12 1,9 DN 15 2,0 DN 20 2,0 DN 25 1,8
Abzweig, Gegenlauf bei Stromtrennung		DN 12 0,0 DN 15 0,0 DN 20 0,1 DN 25 0,3
Wandscheibe		DN 12 1,4 DN 15 3,2 DN 20 5,7
Doppelwandscheibe, Durchgang		DN 12 3,4 DN 15 3,0 DN 20 2,4
Doppelwandscheibe, Abzweig		DN 12 1,0 DN 15 3,5 DN 20 5,6
Abzweig, Durchgang bei Stromvereinigung		DN 12 3,3 DN 15 3,0 DN 20 2,8 DN 25 2,8

Einzelwiderstand	Symbol	Widerstandsbeiwert ξ
Verteileraustritt		DN 12 2,0 DN 15 2,3 DN 20 1,2 DN 25 2,0
Austritt aus Behälter, Speicher		0,5
Sammlereintritt		1,0
Eintritt in Behälter		1,0
Winkel oder Bogen		DN 12 1,7 DN 15 1,1 DN 20 1,0 DN 25 1,7
Reduzierstück		DN 12 2,1 DN 15 1,6 DN 20 1,6 DN 25 1,6
Kupplung/Muffe		DN 12 0,7 DN 15 0,4 DN 20 0,4 DN 25 0,6
Winkel/Bogen 45°		DN 12 1,7 DN 15 1,6 DN 20 1,6 DN 25 0,4
Absperrventile Geradsitzventile DN 12 bis DN 25 Schrägsitzventile DN 12 DN 15 bis DN 32 DN 40 bis DN 50		 7,0 2,5 2,0 2,5

Einzelwiderstand	Symbol	Widerstandsbeiwert ξ
Absperrschieber DN 10 bis DN 15 auch Kolbenschieber DN 12 bis DN 20 DN 25 bis DN 50 Kugelhähne DN 12 bis DN 50		 1,0 0,1 0,2 0,3
Geradsitzventile DN 15 DN 20 DN 25 DN 32 DN 40 bis DN 100		 10,0 8,5 7,0 6,0 5,0
Eckventile DN 10 DN 15 DN 20		 7,0 4,0 2,0
Rückflussverhinderer DN 15 bis DN 20 DN 25 bis DN 40 DN 50 DN 65 bis DN100		 7,7 4,3 3,8 2,5
Durchgangsventil mit Rückflussverhinderer DN 20 DN 25 bis DN 50		 6,0 5,0
Ventilanbohrschelle DN 25 bis DN 80		5,0
Druckminderer voll göffnet		30,0

* Der Widerstandsbeiwert ξ ist jeweils dem Strom (Teilstrom) zugeordnet, dessen rechnerische Fließgeschwindigkeit im Symbol mit „V" gezeichnet ist.

Gesamtdruckverlust Δp

Δp	Gesamtdruckverlust in der Teilstrecke	in mbar, Pa
l	Rohrlänge der Teilstrecke	in m
R	Rohrreibungsdruckgefälle	in mbar/m, Pa/m
Z	Druckverlust durch Einzelwiderstände	in mbar, Pa

$$\Delta p = l \cdot R + Z$$

2.5 Spitzendurchfluss $\dot{V}_s$ aus dem Summendurchfluss $\Sigma\dot{V}_R \geq 0{,}2$ l/s

Summendurchfluss	Wohngebäude, Betreutes Wohnen, Seniorenheim	Pflegeheim	Bettenhaus im Krankenhaus	Hotel	Schule, Verwaltungsgebäude	Summendurchfluss	Wohngebäude, Betreutes Wohnen, Seniorenheim	Pflegeheim	Bettenhaus im Krankenhaus	Hotel	Schule, Verwaltungsgebäude
$\Sigma\dot{V}_R$	Spitzendurchfluss					$\Sigma\dot{V}_R$	Spitzendurchfluss				
	$\dot{V}_s$	$\dot{V}_s$	$\dot{V}_s$	$\dot{V}_s$	$\dot{V}_s$		$\dot{V}_s$	$\dot{V}_s$	$\dot{V}_s$	$\dot{V}_s$	$\dot{V}_s$
l/s	l/s	l/s	l/s	l/s	l/s	l/s	l/s	l/s	l/s	l/s	l/s
0,20	0,15	0,20	0,19	0,19	0,17	1,9	0,73	0,61	0,81	0,82	0,73
0,22	0,17	0,21	0,21	0,21	0,19	2,0	0,75	0,62	0,84	0,85	0,75
0,24	0,19	0,23	0,22	0,22	0,20	2,1	0,76	0,63	0,88	0,87	0,77
0,26	0,21	0,24	0,23	0,24	0,32	2,2	0,78	0,64	0,88	0,89	0,78
0,28	0,22	0,25	0,25	0,25	0,23	2,3	0,79	0,65	0,80	0,91	0,80
0,30	0,24	0,26	0,26	0,26	0,25	2,4	0,81	0,66	0,92	0,94	0,81
0,32	0,25	0,27	0,27	0,28	0,26	2,5	0,82	0,67	0,94	0,96	0,83
0,34	0,27	0,28	0,29	0,29	0,27	2,6	5,83	0,68	0,96	0,98	0.84
0,36	0,28	0,29	0,30	0,30	0,28	2,7	0,85	0,69	0,98	1,00	0,86
0,38	0,29	0,30	0,31	0,31	0,28	2,8	0,86	0,70	1,00	1,02	0,87
0,40	0,30	0,31	0,32	0,32	0,30	2,9	0,87	0,71	1,02	1,04	0,89
0,42	0,32	0,32	0,33	0,33	0,32	3,0	0,88	0,71	1,04	1,06	0,90
0,44	0,33	0,33	0,34	0,34	0,33	3,5	0,94	0,75	1,12	1,15	0,96
0,46	0,34	0,34	0,35	0,35	0,34	4,0	0,99	0,78	1,20	1,23	1,02
0,48	0,35	0,34	0,36	0,36	0,34	4,5	1,03	0,81	1,27	1,31	1,07
0,50	0,36	0,36	0,37	0,37	0,35	5,0	1,07	0,83	1,34	1,39	1,12
0,52	0,37	0,36	0,38	0,38	0,36	5,5	1,11	0,86	1.41	1,46	1,16
0,54	0,38	0,36	0,30	0,39	0,37	6,0	1,14	0,88	1,47	1,52	1,21
0,56	0,39	0,37	0,40	0,40	0,38	6,5	1,17	0,90	1,53	1,59	1,25
0,58	0,38	0,38	0,41	0,41	0,39	7,0	1,20	0,92	1,59	1,65	1,28
0,60	0,40	0,38	0,42	0,42	0,40	7,5	1,23	0,94	1,64	1,71	1,32
0,62	0,41	0,38	0,43	0,43	0,40	8,0	1,26	0,95	1,69	1,77	1,35
0,64	0,42	0,40	0,44	0,44	0,41	8,5	1,28	0,97	1,74	1,83	1,39
0,66	0,43	0,40	0,44	0,44	0,42	9,0	1,31	0,98	1,79	1,88	1,42
0,68	0,44	0,41	0.45	0,45	0.43	10,0	1,35	1,01	1,89	1,98	1,48
0,70	0,44	0,41	0,46	0,46	0,43	11,0	1,39	1,04	1,97	2,08	1,53
0,75	0,46	0,42	0,48	0,48	0,45	12,0	1,43	1,06	2,06	2,18	1,59
0,80	0,48	0,44	0,50	0,50	0,47	13,0	1,47	1,08	2,14	2,27	1,64
0,85	0,49	0,45	0,52	0,52	0,49	14,0	1,50	1,11	2,22	2,35	1,68
0,90	0,51	0,46	0,84	0,54	0,50	15,0	1,54	1,13	2,29	2,44	1,73
0,95	0,53	0,47	0,55	0,55	0,52	16,0	1,57	1,14	2,36	2,52	1,77
1,00	0,54	0,48	0,57	0,57	0,53	17,0	1,60	1,16	2,43	2,60	1,81
1,05	0,55	0,49	0,59	0,59	0,54	18,0	1,62	1,18	2,50	2,67	1,85
1,10	0,57	0,50	0,60	0,60	0,56	19,0	1,65	1,19	2,56	2,75	1,89
1,15	0,58	0,51	0,62	0,62	0,57	20,0	1,67	1,21	2,62	2,82	1,92
1,20	0,69	0,52	0,63	0,63	0,58	21,0	1,70	1,22	2,68	2,89	1,96
1,25	0,60	0,52	0,65	0,65	0,60	22,0	1,72	1,24	2,74	2,96	1,99
1,30	0,02	0,53	0,66	0,66	0,61	23,0	1,75	1,25	2,80	3,02	2,03
1,35	0,63	0,54	0,68	0,68	0,62	24,0	1,77	1,26	2,86	3,09	2,06
1,40	0,64	0,55	0,88	0,69	0,63	25,0	1,79	1,28	2,91	3,15	2,09
1,45	0,85	0,55	0,70	0,71	0,64	26,0	1,81	1,29	2,97	3,21	2,12
1,50	0,66	0,66	0,72	0,72	0,65	27,0	1,83	1,30	3,02	3,28	2,15
1,60	0,68	0,58	0,74	0,75	0,67	28,0	1,85	1,31	3,07	3,34	2,18
1,70	0,70	0,68	0,77	0,77	0,69	29,0	1,87	1,32	3,12	3,39	2,20
1,80	0,71	0,60	0,79	0,80	0,71	30,0	1,88	1,33	3,17	3,45	2,23

2.6 Pumpenberechnungen

Fördervolumen bei Kolbenpumpen

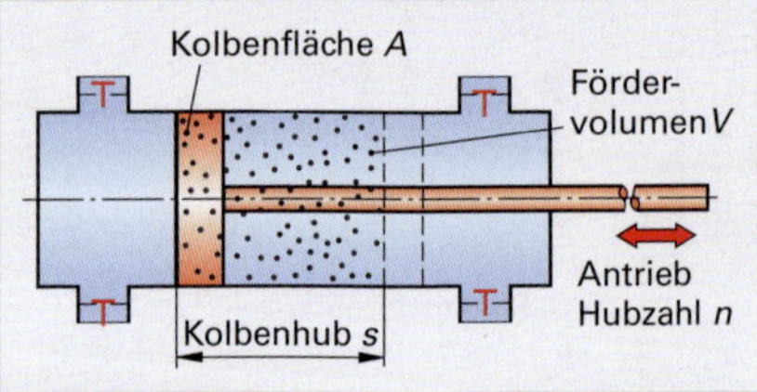

V	Fördervolumen	in m^3
A	Kolbenfläche	in m^2
s	Kolbenhub	in m
$\dot{V}_P$	Förderstrom	in l/s
n	Hubzahl	in 1/s

$$V = A \cdot s \qquad A = \frac{V}{s} \qquad s = \frac{V}{A}$$

$$\dot{V}_P = V \cdot n \qquad V = \frac{\dot{V}_P}{n} \qquad n = \frac{\dot{V}_P}{V}$$

Pumpenleistung

P_{zu}	zugeführte Leistung	in W
$\dot{V}$	Volumenstrom	in m^3/h
Δp	Druckverlust	in Pa
η	Wirkungsgrad (z.B. 50 % ⇒ 0,5)	

Wenn bei der Berechnung kein Wirkungsgrad berücksichtigt wird, ist er mit 100 % (⇒ 1) einzusetzen.

$$P_{zu} = \frac{\dot{V} \cdot \Delta p}{3600 \cdot \eta} \qquad \dot{V} = \frac{P_{zu} \cdot \eta \cdot 3600}{\Delta p} \qquad \Delta p = \frac{P_{zu} \cdot \eta \cdot 3600}{\dot{V}} \qquad \eta = \frac{\dot{V} \cdot \Delta p}{P_{zu} \cdot 3600}$$

P_{ab}	abgeführte Leistung	in W
$\dot{V}$	Volumenstrom	in m^3/h
Δp	Druckverlust	in Pa

$$P_{ab} = \frac{\dot{V} \cdot \Delta p}{3600} \qquad \dot{V} = \frac{P_{ab} \cdot 3600}{\Delta p} \qquad \Delta p = \frac{P_{ab} \cdot 3600}{\dot{V}}$$

P_{ab}	abgeführte Leistung	in W
P_{zu}	zugeführte Leistung	in W
η	Wirkungsgrad (z. B. 50 % ⇒ 0,5)	

$$\eta = \frac{P_{ab}}{P_{zu}} \qquad P_{ab} = \eta \cdot P_{zu} \qquad P_{zu} = \frac{P_{ab}}{\eta}$$

η_M	Motorenwirkungsgrad
η_P	Pumpenwirkungsgrad
η_{ges}	Gesamtwirkungsgrad

$$\eta_{ges} = \eta_M \cdot \eta_P \qquad \eta_M = \frac{\eta_{ges}}{\eta_P} \qquad \eta_P = \frac{\eta_{ges}}{\eta_M}$$

$\dot{m}$	Fördermenge	in kg/s
g	Erdbeschleunigung ≈ 10 m/s^2 (9,81 m/s^2)	
s	Förderhöhe	in m
P	mechanische Leistung	in W

$$P = \dot{m} \cdot g \cdot s \qquad \dot{m} = \frac{P}{g \cdot s} \qquad s = \frac{P}{\dot{m} \cdot g}$$

$\dot{m}$	Fördermenge	in kg/s
m	Masse	in kg
t	Zeit	in s

$$\dot{m} = \frac{m}{t} \qquad m = \dot{m} \cdot t \qquad t = \frac{m}{\dot{m}}$$

Pumpenauswahl

Δp_1	Druckverlust 1	in mbar, Pa
Δp_2	Druckverlust 2	in mbar, Pa
$\dot{V}_1$	Volumenstrom 1	in m³/h, l/s
$\dot{V}_2$	Volumenstrom 2	in m³/h, l/s

$$\frac{\text{Druckverlust 1}}{\text{Druckverlust 2}} = \left(\frac{\text{Volumenstrom 1}}{\text{Volumenstrom 2}}\right)^2$$

$$\frac{\Delta p_1}{\Delta p_2} = \left(\frac{\dot{V}_1}{\dot{V}_2}\right)^2$$

$$\Delta p_2 = \Delta p_1 \cdot \left(\frac{\dot{V}_2}{\dot{V}_1}\right)^2$$

$$\dot{V}_2 = \dot{V}_1 \cdot \sqrt{\frac{\Delta p_2}{\Delta p_1}}$$

Rohrnetz-Kennlinie

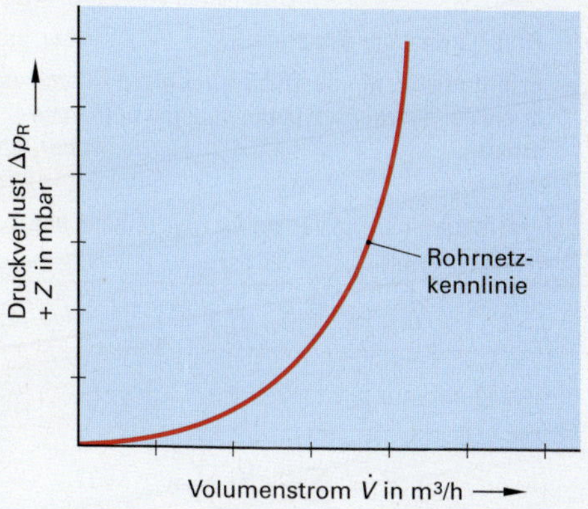

Pumpen-Diagramm

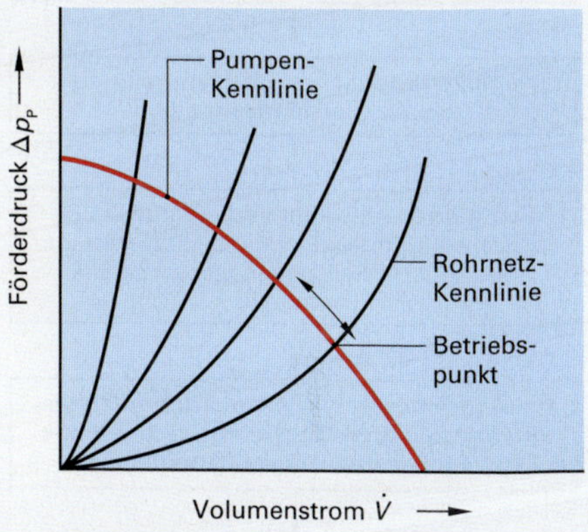

Je nach Rohrnetz-Kennlinie verschiebt sich der Betriebspunkt.

Parallelschaltung gleicher Pumpen

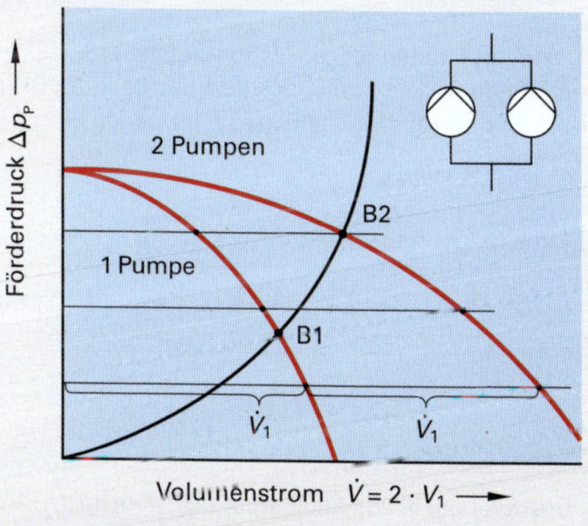

Die gemeinsame Pumpenkennlinie von zwei Pumpen ergibt sich bei Parallelschaltung durch die Addition der Förderströme bei konstantem Förderdruck.

Reihenschaltung gleicher Pumpen

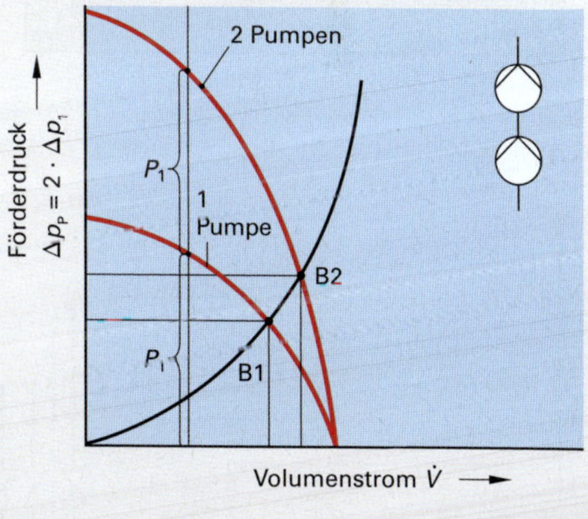

Bei Reihenschaltung ergibt sich die gemeinsame Pumpenkennlinie durch die Addition der Förderdrücke bei konstantem Förderstrom.

2.7 Rohrdimensionierung

Berechnungs- und Spitzendurchfluss

Berechnungsplan erstellen

↓

Berechnungsdurchflüsse und Mindestfließdrücke der Entnahmearmaturen ermitteln

↓

Summendurchflüsse ermitteln und Teilstrecken zuordnen

↓

Spitzendurchfluss ermitteln und Größe der Apparate auswählen

↓

Verfügbare Druckdifferenz für Rohrreibung und Einzelwiderstände ermitteln

↓

Geschätzten Anteil der verfügbaren Druckdifferenz für Einzelwiderstände abziehen und verfügbares Rohrreibungsdruckgefälle ermitteln

↓

Rohrdurchmesser wählen und Rohrreibungsdruckgefälle sowie zugehörige rechnerische Fließgeschwindigkeit ermitteln

↓

Druckverluste aus Einzelwiderständen ermitteln

↓

Gesamtdruckverlust berechnen und mit verfügbarer Druckdifferenz vergleichen

↓

Gegebenenfalls mit geändertem Rohrdurchmesser nachrechnen

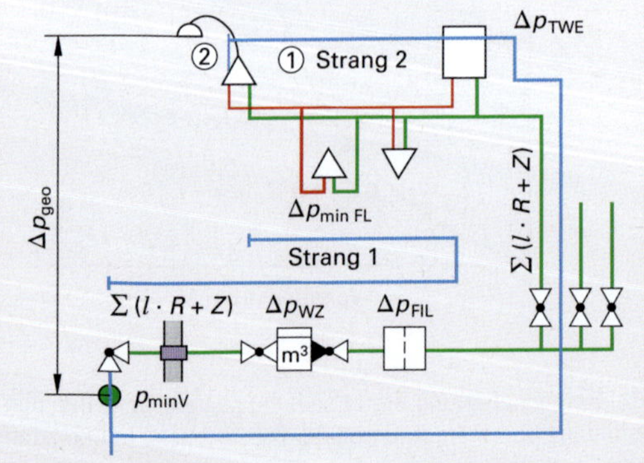

Druckverluste, Rohrreibungsdruckgefälle

$$\Delta p_{Verf} = p_{minV} - \Delta p_{geo} - \Delta p_{Ap} - p_{min\ Fl}$$

Δp_{Verf}	Verfügbarer Druckverlust für Rohrreibung und Einzelwiderstände im Fließweg vom Anschluss an die Versorgungsleitung bis zur jeweiligen Entnahmestelle bzw. bis zum Stockwerksanschluss	in bar, mbar
p_{minV}	Mindestversorgungsdruck nach Angabe des Wasserversorgungsunternehmens	in bar, mbar
Δp_{geo}	Geodätischer Druckverlust, durch die Höhe der Wassersäule zwischen der Anschlussleitung und der hydraulisch ungünstigsten Entnahmestelle	in bar, mbar (10 m WS ≙ 1 bar)
Δp_{AP}	Druckverlust der Apparate	in bar, mbar
p_{minFl}	Erforderlicher Mindestfließdruck an der Anschlussstelle der hydraulisch ungünstigsten Entnahmearmatur	in bar, mbar

Für den verfügbaren Druckverlust für Rohrreibung und Einzelwiderstände gilt:

$$\Delta p = \sum (l \cdot R + Z)$$

Für Einzelwiderstände gilt:

$$Z = \sum \zeta \cdot \frac{\varrho \cdot v^2}{2}$$

R	Rohrreibungsdruckgefälle	in mbar/m
l	Rohrleitungslänge	in m
Z	Einzelwiderstände	in mbar
$\sum \zeta$	Summe der Widerstandsbeiwerte	
v	Fließgeschwindigkeit	in m/s
ϱ	Dichte	in kg/m³

Bei Wohngebäuden ist der Erfahrungswert für Einzelwiderstände 40 % bis 60 % aus dem verfügbaren Druckverlust für Rohrreibung und Einzelwiderstände Δp_{verf}.

Druckverlust in Apparaten

$$\Delta p_{Ap} = \Delta p_{WZ} + \Delta p_{FIL} + \Delta p_{EH} + \ldots + \Delta p_{TWE}$$

$$\Delta p_S = \Delta p_g \cdot \frac{\dot{V}_s^{\,2}}{\dot{V}_g^{\,2}}$$

Δp_S	Druckverlust bei Spitzendurchfluss	in mbar, Pa
$\dot{V}_S$	Spitzendurchfluss	in l/s, m³/h
Δp_g	Druckverlust des Apparates bei $\dot{V}_g$	in mbar, Pa
$\dot{V}_g$	Maximaler Apparatedurchfluss	in l/s, m³/h

Verfahrensablauf zur Dimensionierung von Trinkwasserleitungen

DIN EN 806-3 oder DIN 1988-300

Installationsart	Normalinstallation[1]	Alle Installationen
Beschreibung	Wohnungsbau mit Ein- und Zweifamilien-häusern	alle weiteren Installationen, incl. industrieller und gewerblicher Bereich
Berechnungsart	Vereinfachtes Verfahren zur Bestimmung der Rohrinnendurchmesser nach DIN EN 806-3	Berechnung nach DIN 1988-300

[1] Als Normal-Installation werden Installationen bezeichnet,

- deren Entnahmearmaturen keinen größeren Entnahmearmaturendurchfluss aufweisen als in Tabelle (vgl. unten) aufgeführt,
- deren Art der Nutzung keinen höheren Spitzendurchfluss erwarten lässt, als sich nach dem Diagramm (vgl. unten) ergibt,
- die keine Dauerverbrauchr mit Trinkwasser versorgen. Als Dauerverbraucher gilt eine Entnahme länger als 15 min.

Entnahmearmaturendurchflüsse Q_A, Q_{min} und Belastungswert LU

Entnahmestelle	Q_A in l/s	Q_{min} in l/s	Belastungswert LU
Waschtisch, Handwaschbecken, Bidet, Spülkasten	0,1	0,1	1
Haushalts-Küchenspüle, -Waschmaschine[1], Geschirrspülmaschine, Ausgussbecken, Duschbrausekopf	0,2	0,15	2
Urinaldruckspüler	0,3	0,15	3
Badewannenauslauf	0,4	0,3	4
Entnahmearmatur für Garten/Garage	0,5	0,4	5
Gewerbe-Küchenspüle DN20, -Badewannenauslauf	0,8	0,8	8

[1] Für Gewerbe-Wasmaschinen nach Angabe des Herstellers

Vergleich DIN EN 806-3 mit DIN 1988-300

Nach DIN EN 806-3 wird ein vereinfachtes Dimensionierungsverfahren angewandt, das ausschließlich für „Normalinstallationen" verwendet werden darf. Nicht berücksichtigt werden die tatsächlichen Druckverhältnisse, sowie die Bemessung von Zirkulationssystemen.

DIN 1988-300 beschränkt den Anwendungsbereich der DIN EN 806-3. Danach dürfen lediglich die Rohrdurchmesser für Kalt- und Warmwasserverbrauchsleitungen in Wohngebäuden mit bis zu 6 Wohnungen nach DIN 806-3 bestimmt werden, sofern der Versorgungsdruck ausreicht und die Hygiene sichergestellt ist.

Vereinfachte Berechnung der Trinkwasserleitung nach DIN EN 806-3

Verfahrensschritte	Hinweise
1. Ermittlung der Belastungswerte für die Teilstrecken bis zur entferntesten Armatur. 2. Addition der Belastungswerte. 3. Abhängig vom Rohrwerkstoff die Rohrinnendurchmesser aus Tabelle entnehmen.	Mit der Teilstrecke an der entferntesten Armatur beginnen. $LU_{max} = \Sigma LU$ Die Wahrscheinlichkeit gleichzeitiger Nutzung ist in der Tabelle schon berücksichtigt.

Belastungswerte für die Bemessung der Rohrinnendurchmesser

Kupferrohre													
LU_{max}	1	2	3	3	4	6	10	20	50	165	430	1050	2100
Größter Einzelwerte LU	–	–	2	–	–	4	5	8	–	–	–	–	–
d_i in mm	10			13			16	20	25	32	39	50	72,1
Max. Rohrlänge in m	20	7	5	15	9	7	–	–	–	–	–	–	–

Rohr aus nicht rostendem Stahl										
LU_{max}	3	4	6	10	20	50	165	430	1050	2100
Größter Einzelwerte LU	–	–	4	5	8	–	–	–	–	–
d_i in mm	13			16	19,6	25,6	32	39	51	72,1
Max. Rohrlänge in m	15	9	7	–	–	–	–	–	–	–

PE-X Rohre											
LU_{max}	1	2	3	4	5	8	16	35	100	350	700
Größter Einzelwerte LU	–	–	–	–	4	5	8	–	–	–	–
d_i in mm	8,4		11,6			14,4	18,0	23,2	29	36,2	45,6
Max. Rohrlänge in m	13	4	9	5	4	–	–	–	–	–	–

PP Rohre												
LU_{max}	1	2	3	3	4	6	13	30	70	200	540	970
Größter Einzelwerte LU	–	–	2	–	–	4	5	8	–	–	–	–
d_i in mm	10,6			13,2			16,6	21,2	26,6	33,2	42	50
Max. Rohrlänge in m	20	12	8	15	9	7	–	–	–	–	–	–

PVC-C Rohr									
LU_{max}	3	4	5	10	20	45	160	420	900
Größter Einzelwerte LU	–	–	4	5	8	–	–	–	–
d_i in mm	12,0			15,4	19,4	24,8	31	38,8	49,2
Max. Rohrlänge in m	10	6	5	–	–	–	–	–	–

2.8 Temperaturskalen, Temperaturdifferenz

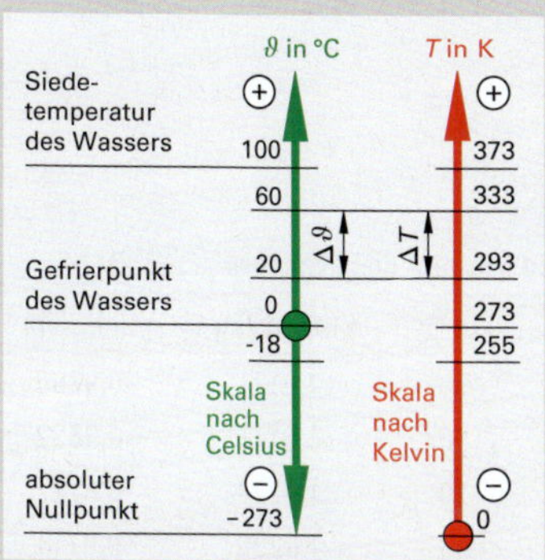

T	absolute Temperatur (Kelvin-Temperatur, thermodynamische Temperatur)	K
ϑ, ϑ_C	Celsius-Temperatur	°C
$\Delta T, \Delta\vartheta$	Temperaturdifferenz	K, °C

$$T = (\vartheta + 273)\ \text{K}$$

$$\vartheta = (T - 273)\ \text{°C}$$

$$\Delta T = \Delta\vartheta$$

$$\Delta T = T_2 - T_1$$
$$\Delta\vartheta = \vartheta_2 - \vartheta_1$$

Umrechnungen

$$T_1 = T_2 - \Delta T; \quad \vartheta_1 = \vartheta_2 - \Delta\vartheta$$
$$T_2 = T_1 + \Delta T; \quad \vartheta_2 = \vartheta_1 + \Delta\vartheta$$

Absoluter Nullpunkt

$$\vartheta_0 = -273{,}15\ \text{°C} \mathrel{\hat{=}} T_0 = 0\ \text{K}$$

2.9 Längenänderung

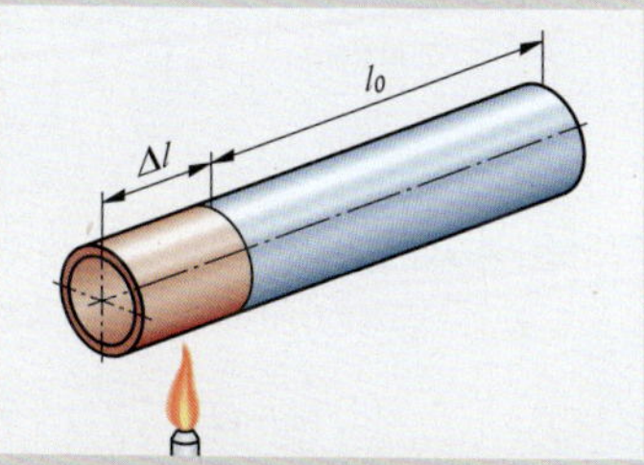

Δl	Längendifferenz nach der Temperaturänderung	in m
l_0	Länge vor der Temperaturänderung	in m
a	spezifischer Längenausdehnungskoeffizient	in 1/K oder mm/m · K
$\Delta\vartheta$	Temperaturdifferenz	in K

$$\Delta l = l_0 \cdot \alpha \cdot \Delta\vartheta$$

$$l_0 = \frac{\Delta l}{\alpha \cdot \Delta\vartheta}$$

$$\alpha = \frac{\Delta l}{l_0 \cdot \Delta\vartheta}$$

$$\Delta\vartheta = \frac{\Delta l}{l_0 \cdot \alpha}$$

Stoff	α **in** $\frac{\text{m}}{\text{m} \cdot \text{K}}$	**Stoff**	α **in** $\frac{\text{m}}{\text{m} \cdot \text{K}}$
Aluminium	0,000 024	Hartmetall	0,000 005
Bronze	0,000 018	Kupfer	0,000 017
Glas	0,000 009	Messing	0,000 018
Zink	0,000 036	Stahl	0,000 012

2.10 Biegeschenkel

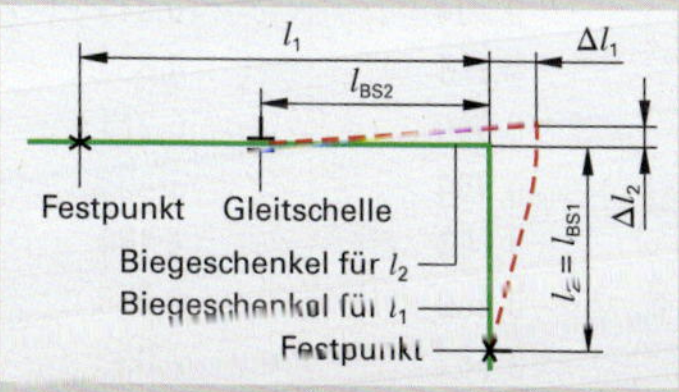

l_{BS}	Biegeschenkellänge	m
D	Außendurchmesser des Rohres	m
Δl	Längenänderung	m
C	werkstoffabhängige Konstante (Herstellerangaben)	

$$l_{BS} = C \cdot \sqrt{D \cdot \Delta l}$$

2.11 Volumenänderung von Wasser

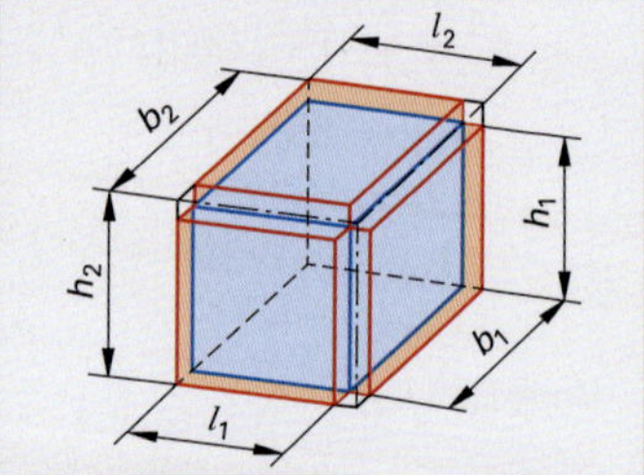

ΔV Volumenausdehnung des Wassers in dm^3 (l)
m Wassermasse in kg
v_1, v_2 spez. Volumen in dm^3/kg
Δv Differenz der spez. Volumen in dm^3/kg

$$\Delta V = m \cdot (v_2 - v_1)$$

$$\Delta V = m \cdot \Delta v$$

Spezifische Volumen und Dichten des Wassers

ϑ in °C	v in dm^3/kg	ϱ in kg/dm^3	ϑ in °C	v in dm^3/kg	ϱ in kg/dm^3
0 Eis	1,0909	0,9167	50	1,0121	0,9880
0	1,0002	0,9998	60	1,0171	0,9832
4	1,0000	1,0000	70	1,0228	0,9777
10	1,0004	0,9996	80	1,0290	0,9718
20	1,0018	0,9982	90	1,0359	0,9653
30	1,0044	0,9956	100	1,0435	0,9583
40	1,0079	0,9922			

2.12 Wärmemenge

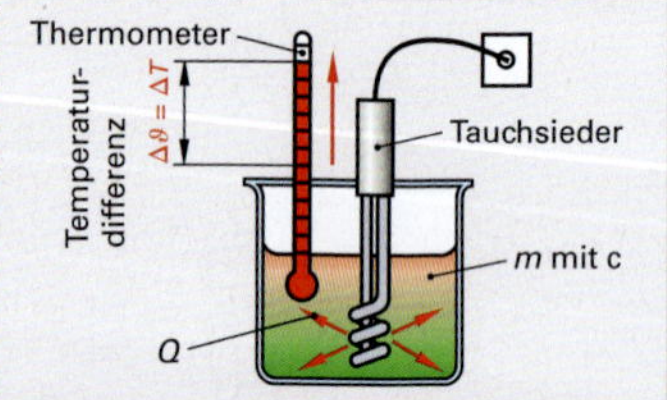

Q Wärmemenge in kJ
m Masse in kg
$\Delta\vartheta$ Temperaturänderung in K
c spezifische Wärmekapazität in kWh/(kg · K) bzw. kJ/(kg · K)

$$Q = m \cdot c \cdot \Delta\vartheta$$

$$m = \frac{Q}{c \cdot \Delta\vartheta}$$

$$\Delta\vartheta = \frac{Q}{m \cdot c}$$

Stoff	Spezifische Wärmekapazität *c* zwischen 0 C° und 100 °C		Stoff	Spezifische Wärmekapazität *c* zwischen 0 C° und 100 °C	
	Wh/(kg · K)	kJ/(kg · K)		Wh/(kg · K)	kJ/(kg · K)
Aluminium	0,248	0,896	Nickel	0,120	0,431
Ammoniak	0,617	2,219	Quecksilber	0,038	0,138
Antimon	0,054	0,206	Sauerstoff	0,254	0,913
Blei	0,036	0,127	Schwefeldioxid	0,176	0,632
Chlor	0,135	0,481	Silber	0,069	0,251
Eisen, rein	0,125	0,460	Wachs	0,954	3,433
Kadmium (Cadmium)	0,065	0,234	**Wasser**	**1,163**	**4,180**
Kalium	0,211	0,758	Dampf	0,559	2,010
Kupfer	0,107	0,385	Eis	0,582	2,093
Luft	0,281	1,009	Wasserstoff	3,907	14,268
Magnesium	0,291	1,047	Wismut (Bismut)	0,035	0,124
Mangan	0,130	0,469	Wolfram	0,039	0,134
Maschinenöl	0,466	1,675	Ziegelstein	0,233	0,837
Messing	0,108	0,389	Zink	0,104	0,385
Natrium	0,339	1,218	Zinn	0,064	0,226

2.13 Wärmemenge beim Schmelzen und Erstarren

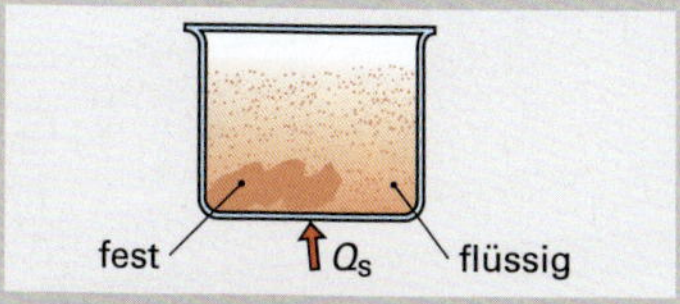

Q_s Schmelzwärme in kJ
m Masse in kg
q_s spezifische Schmelzwärme in kJ/kg

$$Q_s = m \cdot q_s$$

$$m = \frac{Q_S}{q_S}$$

2.14 Wärmemenge beim Verdampfen und Kondensieren

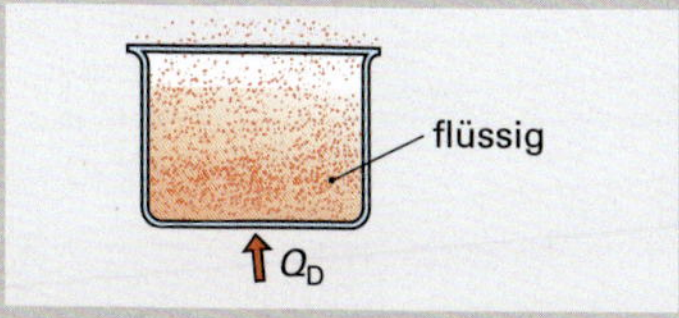

Q_D Verdampfungswärme in kJ
m Masse in kg
r spezifische Verdampfungswärme in kJ/kg

$$Q_D = m \cdot r$$

$$m = \frac{Q_D}{r}$$

2.15 Mischwassertemperaturen und -massen

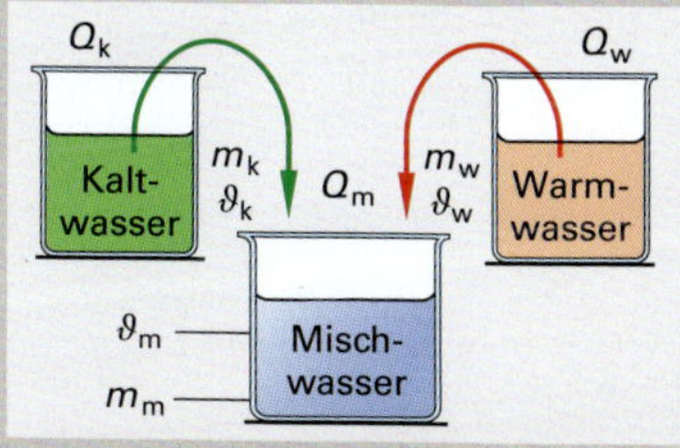

Wärmemengen im
Q_m Mischwasser in kJ
Q_k Kaltwasser in kJ
Q_w Warmwasser in kJ
Wassermassen
m_m Mischwasser in kg
m_k Kaltwasser in kg
m_w Warmwasser in kg

$$Q_m = Q_k + Q_w$$

$$m_m \cdot \vartheta_m = m_k \cdot \vartheta_k + m_w \cdot \vartheta_w$$

$$m_m = m_k + m_w$$

Kaltwassertemperatur

$$\vartheta_m = \frac{m_m \cdot \vartheta_m - m_w \cdot \vartheta_w}{m_k}$$

Mischwassertemperatur

$$\vartheta_m = \frac{m_k \cdot \vartheta_k + m_w \cdot \vartheta_w}{m_m}$$

Warmwassertemperatur

$$\vartheta_m = \frac{m_m \cdot \vartheta_m - m_k \cdot \vartheta_k}{m_w}$$

Kaltwassermasse

$$m_k = m_w \cdot \frac{\vartheta_w - \vartheta_m}{\vartheta_m - \vartheta_k}$$

$$m_k = m_m \cdot \frac{\vartheta_w - \vartheta_m}{\vartheta_w - \vartheta_k}$$

Mischwassermasse

$$m_m = m_k \cdot \frac{\vartheta_w - \vartheta_k}{\vartheta_w - \vartheta_m}$$

$$m_m = m_w \cdot \frac{\vartheta_w - \vartheta_k}{\vartheta_w - \vartheta_k}$$

Warmwassermasse

$$m_w = m_k \cdot \frac{\vartheta_m - \vartheta_k}{\vartheta_w - \vartheta_m}$$

$$m_w = m_m \cdot \frac{\vartheta_m - \vartheta_k}{\vartheta_w - \vartheta_k}$$

2.16 Wärmeleistung

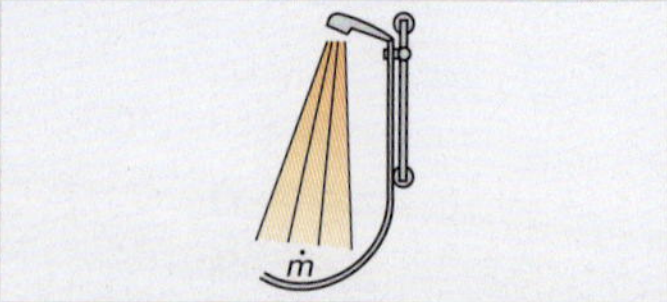

$\dot{Q}$	Wärmeleistung	in kJ/s
Q	Wärmemenge	in kJ
t	Zeit	in s
c	spezifische Wärmekapazität	in kJ/(kg · K)
$\Delta\vartheta$	Temperaturdifferenz	in K
$\dot{m}$	Massenstrom	in kg/h
m	Messe	in kg

$$\dot{Q} = \frac{Q}{t} \qquad t = \frac{Q}{\dot{Q}} \qquad Q = \dot{Q} \cdot t$$

$$\dot{Q} = \frac{m \cdot c \cdot \Delta\vartheta}{t} \qquad t = m \cdot c \cdot \Delta\vartheta \qquad m = \frac{t \cdot \dot{Q}}{c \cdot \Delta\vartheta}$$

$$\dot{m} = \frac{m}{t} \qquad t = \frac{m}{\dot{m}} \qquad m = \dot{m} \cdot t$$

$$\dot{Q} = \dot{m} \cdot c \cdot \Delta\vartheta$$

2.17 Wirkungsgrad, Wärmebelastung

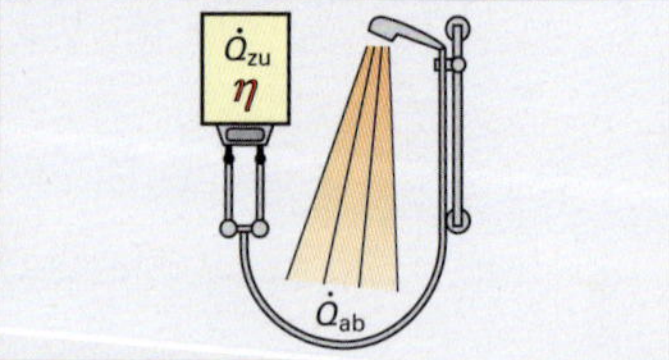

η	Wirkungsgrad	
Q_{ab}	abgeführte Wärmemenge	in kJ
Q_{zu}	zugeführte Wärmemenge	in kJ
$\dot{Q}_{ab}$	abgeführte Wärmeleistung	in kJ/s
$\dot{Q}_{zu}$	zugeführte Wärmeleistung	in kJ/s

$$\eta = \frac{Q_{ab}}{Q_{zu}} \qquad Q_{zu} = \frac{Q_{ab}}{\eta}$$

$$\eta = \frac{\dot{Q}_{ab}}{\dot{Q}_{zu}} \qquad \dot{Q}_{zu} = \frac{\dot{Q}_{ab}}{\eta}$$

2.18 Aufheizzeit bei Speicher-Wassererwärmern

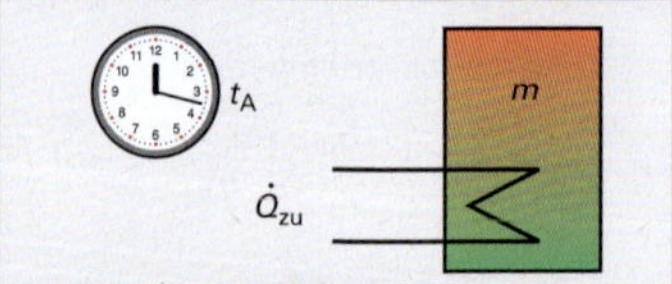

t_A	Aufheizzeit	in h, min
m	Speicherinhalt	in kg
$\Delta\vartheta$	Temperaturdifferenz	in K
$\dot{Q}_{zu}$	zugeführte Wärmeleistung	in kJ/s
η	Wirkungsgrad	

$$t_A = \frac{m \cdot c \cdot \Delta\vartheta}{\dot{Q}_{zu} \cdot \eta}$$

2.19 Massenstrom bei Durchfluss-Wassererwärmern

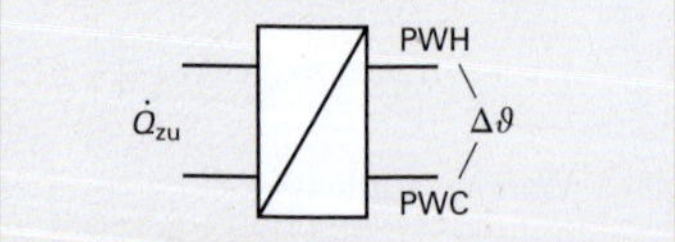

$\dot{m}$	Massenstrom	in kg/h
$\dot{Q}_{zu}$	zugeführte Wärmeleistung	in kJ/s
η	Wirkungsgrad	
$\Delta\vartheta$	Temperaturdifferenz	in K

$$\dot{m} = \frac{\dot{Q}_{zu} \cdot \eta}{c \cdot \Delta\vartheta}$$

3 Abwassertechnik

3.1 Gefälle von Rohrleitungen

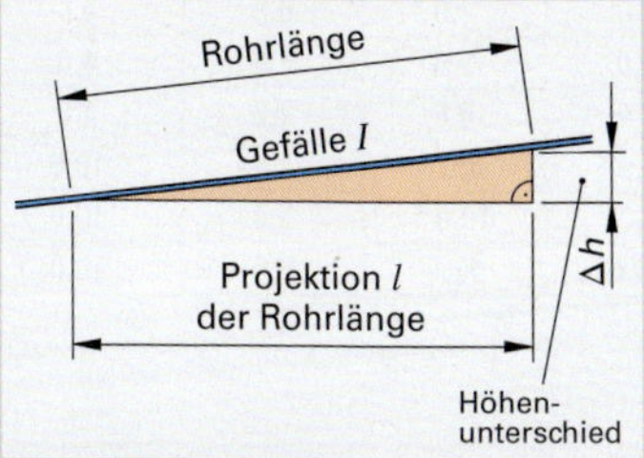

I Gefälle
Δh Höhenunterschied in m
l Projektion der Rohrlänge in m

$$I = \frac{\Delta h}{l}$$

$$\Delta h = I \cdot l$$

$$l = \frac{\Delta h}{I}$$

Gefälleangaben in Prozent

$$I_{\%} = \frac{\Delta h}{l} \cdot 100\ \%$$

Gefälleangaben als Neigungsverhältnis

$$I_N = 1 : \frac{l}{\Delta h}$$

Tabelle 1: Mindestgefälle von Abwasserleitungen

Leitungsart	Mindestgefälle
Anschlussleitungen unbelüftet	1 %
Anschlussleitungen belüftet	0,5 %
Grund- und Sammelleitungen für WW und RW innerhalb von Gebäuden	0,5 %
Grund- und Sammelleitungen für WW/RW/MW außerhalb von Gebäuden	0,5 % (≤ DN 200) 1 : DN (≥ DN 250)

3.2 Bemessen von Abwasserleitungen

Füllungsgrad

Füllungsgrad		Ursache	Folgen	Formel
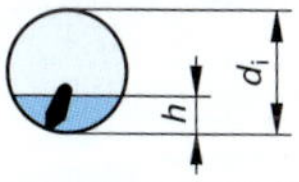	$\frac{h}{d_i} < 0{,}5$	zu große Nennweite, zu großes Gefälle	Verstopfung durch ungenügende Schwemmwirkung	$\frac{h}{d_i} = 0{,}5$ mit h Schwimmtiefe in mm d_i Innendurchmesser des Rohres in mm
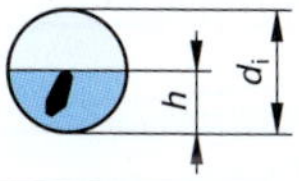	$\frac{h}{d_i} = 0{,}5$	Nennweite und Gefälle normgerecht	Schwimmtiefe und Lüftung günstig	
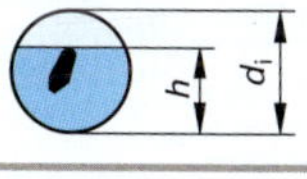	$\frac{h}{d_i} > 0{,}5$	zu kleine Nennweite, zu kleines Gefälle	ungünstige Lüftung, Absaugung der Geruchverschlüsse	

Anschlussleitungen

Tabelle 2: Anschlusswerte und Nennweite von Einzelanschlussleitungen

Entwässerungsgegenstand	Anschlusswert DU	Einzel-Anschlussleitung
Waschbecken, Bidet	0,5	DN 40
Dusche ohne Stöpsel	0,6	DN 50
Dusche mit Stöpsel	0,8	DN 50
Einzelurinal mit Spülkasten	0,8	DN 50
Einzelurinal mit Druckspüler	0,5	DN 50
Standurinal	0,2	DN 50
Urinal ohne Wasserspülung	0,1	DN 50
Badewanne	0,8	DN 50
Küchenspüle und Geschirrspülmaschine mit gemeinsamem Geruchverschluss	0,8	DN 50
Küchenspüle	0,8	DN 50

Entwässerungsgegenstand	Anschlusswert DU	Einzel-Anschlussleitung
Geschirrspüler	0,8	DN 50
Waschmaschine bis 6 kg	0,8	DN 50
Waschmaschine bis 12 kg	1,5	DN 56/60
WC mit 4,0-/4,5-Liter-Spülkasten	1,8	DN 80/DN 90
WC mit 6,0-Liter-Spülkasten/Druckspüler	2,0	DN 80 bis DN 100
WC mit 9,0-Liter-Spülkasten/Druckspüler	2,5	DN 100
Bodenablauf DN 50	0,8	DN 50
Bodenablauf DN 70	1,5	DN 70
Bodenablauf DN 100	2,0	DN 100

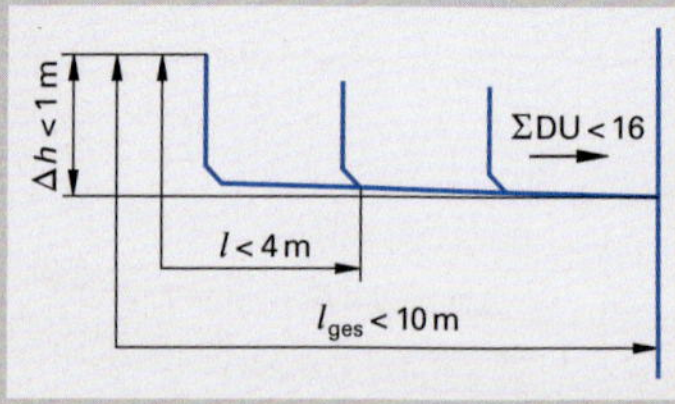

Tabelle 1: Bemessung von unbelüfteten Sammelanschlussleitungen

DN	$D_{i,min}$ mm	K = 0,5 ∑DU l/s	K = 0,7 ∑DU l/s	K = 1,0 ∑DU l/s	Max. Rohrlänge m
50	44	1,0	1,0	0,8	4,0
56/60	49/56	2,0	2,0	1,0	4,0
70[1]	68	9,0	4,6	2,2	4,0
80	75	13,0[2]	8,0[2]	4,0	10,0
90	79	13,0[2]	10,0[2]	5,0	10,0
100	96	16,0	12,0	6,4	10,0

[1] keine Klosetts [2] maximal zwei Klosetts

Fallleitungen

$\dot{V}_{WW}$ Schmutzwasserabfluss in l/s
K Abflusskennzahl gemäß Tabelle 2
ΣDU Summe der Anschlusswerte gemäß Tabelle 2, Seite 31

$$\dot{V}_{WW} = K \cdot \sqrt{\sum DU}$$

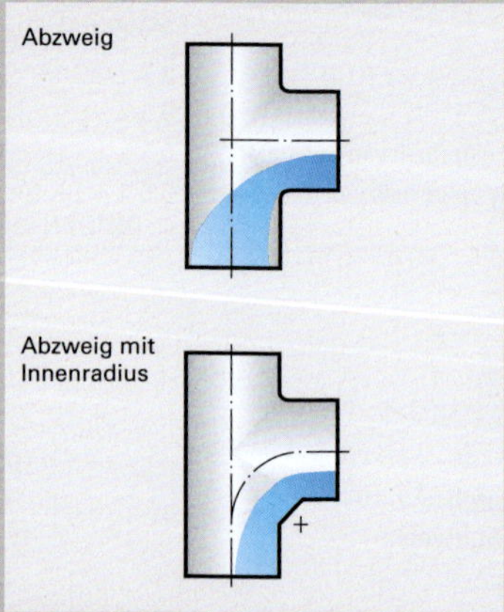

Tabelle 2: Abflusskennzahlen K

Nutzungsart	K
unregelmäßige Benutzung z. B. in Wohnhäusern, Pensionen, Büros, Altersheimen	0,5
regelmäßige Benutzung, z. B. in Krankenhäusern, Schulen, Restaurants, Hotels	0,7
häufige Benutzung in öffentlichen Toiletten und/oder Duschen	1,0
spezielle Nutzung, z. B. Labor	1,2

Tabelle 3: Zulässiger Schmutzwasserabfluss ($\dot{V}_{max}$) bei Hauptlüftung

Schmutzwasserfallleitung m. Hauptlüftung DN	System I, II, III, IV $\dot{V}_{max}$ (l/s) Abzweige	System I, II, III, IV $\dot{V}_{max}$ (l/s) Abzweige mit Innenradius
60[1]	0,5	0,7
70	1,5	2,0
80[2]	2,0	2,6
90	2,7	3,5
100	4,0	5,2
125	5,8	7,6
150	9,5	12,4
200	16,0	21,0

[1] DN in Deutschland nicht gebräuchlich
[2] Mindestnennweite bei Anschluss von WCs

Sammel- und Grundleitungen

Tabelle 4: Abflussvermögen von Entwässerungsleitungen bei einem Füllungsgrad von $h/d_i = 0,5$

Gefälle J cm/m	DN 70 d_i = 68 mm $\dot{V}$ l/s	DN 70 v m/s	DN 80 d_i = 75 mm $\dot{V}$ l/s	DN 80 v m/s	DN 90 d_i = 79 mm $\dot{V}$ l/s	DN 90 v m/s	DN 100 d_i = 96 mm $\dot{V}$ l/s	DN 100 v m/s	DN 125 d_i = 113 mm $\dot{V}$ l/s	DN 125 v m/s	DN 150 d_i = 146 mm $\dot{V}$ l/s	DN 150 v m/s	DN 200 d_i = 184 mm $\dot{V}$ l/s	DN 200 v m/s
0,50							1,8	0,5	2,7	0,5	5,4	0,6	10,0	0,8
1,00	1,0	0,5	1,3	0,6	1,5	0,6	2,5	0,7	3,9	0,8	7,7	0,9	14,2	1,1
1,50	1,2	0,7	1,6	0,7	1,8	0,7	3,1	0,8	4,7	0,9	9,4	1,1	17,4	1,3
2,00	1,4	0,8	1,8	0,8	2,1	0,9	3,5	1,0	5,5	1,1	10,9	1,3	20,1	1,5
2,50	1,6	0,9	2,0	0,9	2,4	1,0	4,0	1,1	6,1	1,2	12,2	1,5	22,5	1,7
3,00	1,7	1,0	2,2	1,0	2,6	1,1	4,4	1,2	6,7	1,3	13,3	1,6	24,7	1,9

Tabelle 5: Abflussvermögen von Entwässerungsleitungen bei einem Füllungsgrad von $h/d_i = 0,7$

Gefälle J cm/m	DN 70 d_i = 68 mm $\dot{V}$ l/s	DN 70 v m/s	DN 80 d_i = 75 mm $\dot{V}$ l/s	DN 80 v m/s	DN 90 d_i = 79 mm $\dot{V}$ l/s	DN 90 v m/s	DN 100 d_i = 96 mm $\dot{V}$ l/s	DN 100 v m/s	DN 125 d_i = 113 mm $\dot{V}$ l/s	DN 125 v m/s	DN 150 d_i = 146 mm $\dot{V}$ l/s	DN 150 v m/s	DN 200 d_i = 184 mm $\dot{V}$ l/s	DN 200 v m/s
0,50			1,5	0,5	1,7	0,5	2,9	0,5	4,6	0,6	9,0	0,7	16,7	0,8
1,00	1,7	0,6	2,2	0,7	2,5	0,7	4,2	0,8	6,5	0,9	12,8	1,0	23,7	1,2
1,50	2,0	0,8	2,7	0,8	3,1	0,8	5,1	1,0	7,9	1,1	15,7	1,3	29,1	1,5
2,00	2,4	0,9	3,1	0,9	3,5	1,0	5,9	1,1	9,2	1,2	18,2	1,5	33,6	1,7
2,50	2,6	1,0	3,4	1,0	4,0	1,1	6,7	1,2	10,3	1,4	20,3	1,6	37,6	1,9
3,00	2,9	1,1	3,8	1,1	4,3	1,2	7,3	1,3	11,3	1,5	22,3	1,8	41,2	2,1

Tabelle 1: Regenspenden $r_{(D,T)}$

Ort	Regenspenden in l/(s · ha) $r_{5,5}$ [1]	$r_{5,100}$ [2]	Ort	Regenspenden in l/(s · ha) $r_{5,5}$ [1]	$r_{5,100}$ [2]
Berlin	331	582	Kiel	243	437
Bremen	246	434	Köln	341	693
Dortmund	339	630	Leipzig	365	682
Dresden	333	630	Magdeburg	307	581
Düsseldorf	330	630	Mannheim	328	586
Erfurt	277	463	München	356	642
Frankfurt/M	339	630	Saarbrücken	280	492
Halle/Saale	330	531	Schwerin	280	492
Hamburg	266	463	Stuttgart	405	782
Hannover	266	463			

[1] $r_{5,5}$ = Fünfminutenregen nach Statistik einmal in 5 Jahren, Berechnungsregenspende, für vorgehängte Rinnen
[2] $r_{5,100}$ = Fünfminutenregen nach Statistik einmal in 100 Jahren

3.3 Dachrinnen und Fallrohre

Tabelle 2: Abflussbeiwert *C*

Wasserundurchlässige Flächen	Abfluss-beiwert *C*	Teildurchlässige oder schwach ableitende Flächen	Abfluss-beiwert *C*
Dachflächen > 3° Dachneigung Metall- und Pfannendächer	1,0	Betonsteinpflaster in Sand oder Schlacke verlegt	0,7
Betonflächen	1,0	Flächen mit Pflaster und Fugenanteil > 15 %	0,6
Rampen	1,0	Wassergebundene Flächen	0,5
Befestigte Flächen mit Fugendichtung	1,0	Kinderspielplätze mit Teilbefestigungen	0,3
Schwarzdecken (Asphalt)	1,0	Sportflächen mit Dränung und Kunststoff-Flächen	0,6
Kiesschüttdächer	0,5	Sportflächen mit Dränung und Tennenflächen	0,4
Begrünte Dachflächen für Intensivbegrünung	0,3	Sportflächen mit Dränung und Rasenflächen	0,3
Begrünte Dachflächen für Extensivbegrünung ≥ 10 cm Aufbaudicke	0,3	Parkanlagen und Vegetationsflächen, Schotter- und Schlackeboden	0,0
Begrünte Dachflächen für Extensivbegrünung < 10 cm Aufbaudicke	0,5	Einfahrten mit Rasengittersteinen, Wege mit wassergebundener Decke	0,0

Tabelle 3: Wirksame Dachfläche *A*

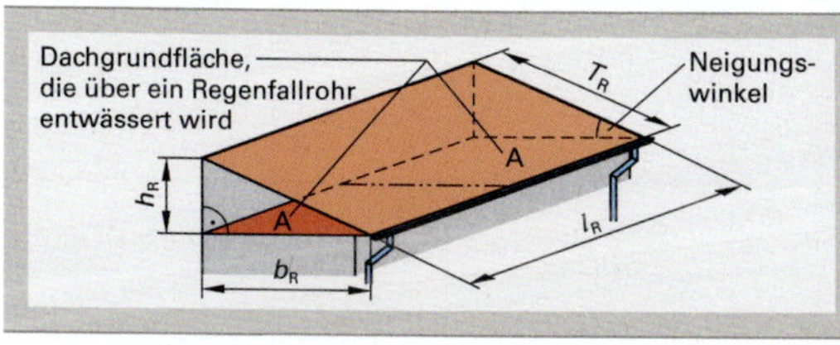

Windeinwirkung[1]	Wirksame Dachfläche *A*
Ohne Windeinwirkung: Regen senkrecht zur Dachfläche	$A = b_R \cdot l_R$
Mit Windeinwirkung: Schlagregen ≥ 26° zur Senkrechten	$A = T_R \cdot l_R$

[1] Die Windeinwirkung wird nur berücksichtigt, wenn regelmäßig mit Schlagregen zu rechnen ist.

Tabelle 4: Abflussvermögen von halbrunden Rinnen (Gefälle $J = 0$) und daran anschließbare Niederschlagsflächen bei unterschiedlichen Regenspenden *r* in l/(s · ha) und $C_S = 1,0$

Länge	Nennmaß 250 $\dot{V}$	anschlb. Dachfl. b. e. Regenspende *r* in l/(s · ha) 250	300	350	400	Nennmaß 285 $\dot{V}$	anschlb. Dachfl. b. e. Regenspende *r* in l/(s · ha) 250	300	350	400	Nennmaß 333 $\dot{V}$	anschlb. Dachfl. b. e. Regenspende *r* in l/(s · ha) 250	300	350	400
m	l/s	m²	m²	m²	m²	l/s	m²	m²	m²	m²	l/s	m²	m²	m²	m²
5,0	1,07	43	36	31	27	1,65	66	55	47	41	2,64	106	88	75	66
6,0	1,05	42	35	30	26	1,62	65	54	46	41	2,60	104	87	74	65
7,0	1,03	41	34	29	28	1,59	64	53	46	40	2,56	102	85	73	64
8,0	1,01	40	34	29	25	1,57	63	52	45	39	2,52	101	84	72	63
9,0	0,99	39	33	28	25	1,54	62	51	44	38	2,49	99	83	71	62
10,0	0,97	39	32	28	24	1,51	60	50	43	38	2,45	98	82	70	61
11,0	0,95	38	32	27	24	1,49	59	50	42	37	2,41	97	80	69	60
12,0	0,93	37	31	27	23	1,46	58	49	42	36	2,38	95	79	68	59
13,0	0,91	36	30	26	23	1,44	57	48	41	36	2,34	94	78	67	59
14,0	0,89	36	30	25	22	1,44	56	47	40	35	2,31	92	77	66	58
15,0	0,88	35	29	25	22	1,39	55	46	40	35	2,28	91	76	65	57

Tabelle 1: Abflussvermögen $\dot{V}_r$ von runden Regenfallleitungen mit Rinneneinhangstutzen

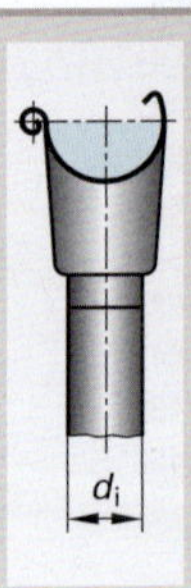

Rinne	Fallleitung mit Rinneneinhangstutzen	$\dot{V}_r$	anschließbare Dachfläche bei einer Regenspende *r* in l/(s · ha)			
Nennmaß	d		250	400	450	400
	mm	l/s	m²	m²	m²	m²
250	60	1,8	72	60	51	45
285	80	3,0	120	100	86	75
333	80	5,0	200	168	143	125
333	100	5,3	212	177	151	133
400	120	9,3	372	310	266	233

Tabelle 2: Abflussvermögen $\dot{V}_r$ von runden Regenfallleitungen ohne Einlauftrichter

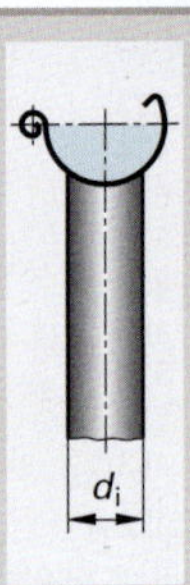

Rinne	Fallleitung mit Rinneneinhangstutzen	$\dot{V}_r$	anschließbare Dachfläche bei einer Regenspende *r* in l/(s · ha)			
Nennmaß	d		250	400	450	400
	mm	l/s	m²	m²	m²	m²
250	60	1,5	60	50	43	38
285	80	2,0	80	67	57	50
333	80	2,6	104	87	74	65
333	100	3,0	120	100	86	75
400	120	4,0	160	133	144	100

Zuschnitte

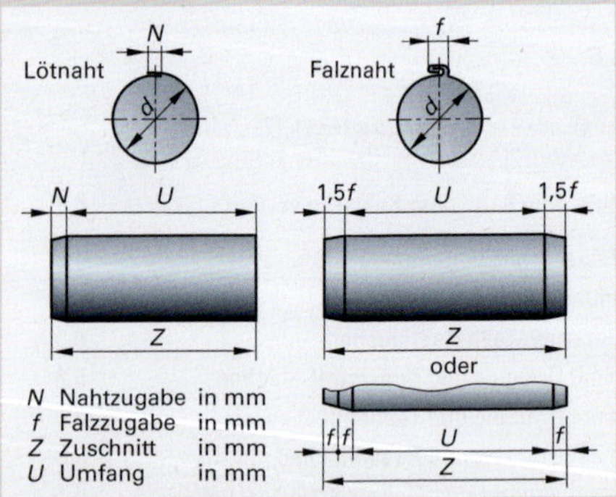

Nahtzugaben (Bild):

Lötnahtüberlappung:
- waagrecht, leicht geneigt ≥ 10 mm
- senkrecht ≥ 5 mm

für Rohre mit gefalzten Nähten:
- Falzbreite $f \geq 10 \times$ Blechdicke
- Querfalze $f \geq 5$ mm
- Längsfalz $f \geq 6$ mm bis 7 mm.

Gelötete Rohre:

$$Z = U + N$$

Gefalzte Rohre:

$$Z = U + 3\,f$$

Blechbedarf, Blechgewicht

A	Blechfläche	in mm²
Z	Zuschnitt	in mm
l_{ges}	Gesamtlänge (einschl. Nahtzugaben)	in mm
m	Blechgewicht	in kg
m''	flächenbezogene Masse	in kg/m²

Blechbedarf:

$$A = Z \cdot l_{ges}$$

Blechgewicht:

$$m = m'' \cdot A$$

Sparrenlängen

l_S	Sparrenlänge	in m
h	Höhe	in m
b	Breite	in m

Satteldach:

$$l_S = \sqrt{h^2 + \frac{b^2}{4}}$$

Pultdach:

$$l_S = \sqrt{h^2 + b^2}$$

3 Abwassertechnik

4 Gas- und Abgastechnik

4.1 Gasgesetze

Volumenänderung durch Druckunterschiede

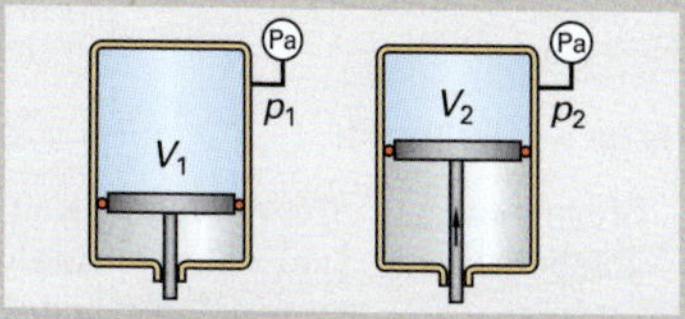

V_1	Anfangsvolumen	in m³
p_1	Anfangsdruck	in Pa, bar
V_2	Endvolumen	in m³
p_2	Enddruck	in Pa, bar

Gesetz von Boyle-Mariotte

$$p_1 \cdot V_1 = p_2 \cdot V_2$$

$$p_1 = \frac{p_2 \cdot V_2}{V_1} \qquad p_2 = \frac{p_1 \cdot V_1}{V_2}$$

$$V_1 = \frac{p_2 \cdot V_2}{p_1} \qquad V_2 = \frac{p_1 \cdot V_1}{p_2}$$

Volumenänderung durch Temperaturunterschiede

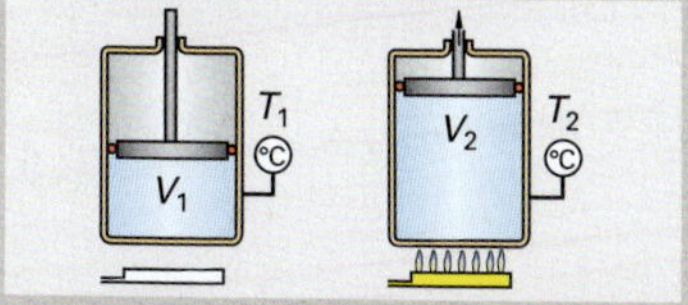

V_1	Anfangsvolumen	in m³
T_1	Anfangstemperatur	in K
V_2	Endvolumen	in m³
T_2	Endtemperatur	in K

Gesetz von Gay-Lussac

$$\frac{V_1}{V_2} = \frac{T_1}{T_2}$$

$$V_1 = \frac{T_1 \cdot V_2}{T_2} \qquad V_2 = \frac{V_1 \cdot T_2}{T_1}$$

$$T_1 = \frac{V_1 \cdot T_2}{V_2} \qquad T_2 = \frac{T_1 \cdot V_2}{V_1}$$

Volumenänderung durch Druck- und Temperaturunterschiede

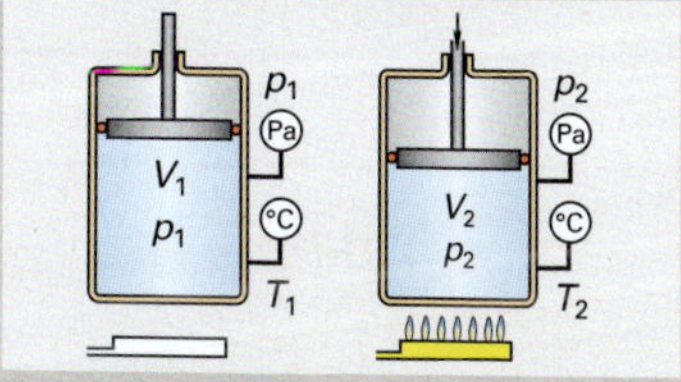

V_1	Anfangsvolumen	in m³
T_1	Anfangstemperatur	in K
p_1	Anfangsdruck	in Pa, bar
V_2	Endvolumen	in m³
T_2	Endtemperatur	in K
p_2	Enddruck	in Pa, bar

$$\frac{p_1 \cdot V_1}{T_1} = \frac{p_2 \cdot V_2}{T_2}$$

$$p_1 = \frac{p_2 \cdot V_2 \cdot T_1}{T_2 \cdot V_1} \qquad T_1 = \frac{V_1 \cdot p_1 \cdot T_2}{p_2 \cdot V_2}$$

$$V_1 = \frac{p_2 \cdot V_2 \cdot T_1}{T_2 \cdot p_1} \qquad p_2 = \frac{p_1 \cdot V_1 \cdot T_2}{T_1 \cdot V_2}$$

$$T_2 = \frac{p_2 \cdot V_2 \cdot T_1}{p_1 \cdot V_1} \qquad V_2 = \frac{p_1 \cdot V_1 \cdot T_2}{T_1 \cdot p_2}$$

4.2 Gasverbrauch beim Schweißen

Sauerstoffverbrauch

V_{Entn}	Gasverbrauch	in l
V_{Fl}	Flaschenvolumen	in l
p_{amb}	Luftdruck	in Pa, bar
p_1	Anfangsdruck	in Pa, bar
p_2	Enddruck	in Pa, bar

$$V_{Entn} = \frac{V_{Fl} \cdot \Delta p}{p_{amb}}$$

$$V_{Fl} = \frac{V_{Entn} \cdot p_{amb}}{\Delta p}$$

$$\Delta p = \frac{V_{Entn} \cdot p_{amb}}{V_{Fl}}$$

Acetylenverbrauch

V_{Ent} entnommenes Acetylengas in l
V_{Inh} Füllmenge der Flasche in l
p_{FL} Fülldruck der Flasche in Pa

Ablesedruck am Manometer:
p_{e1} vor der Schweißarbeit in Pa
p_{e2} nach der Schweißarbeit in Pa

$$V_{Ent} = \frac{V_{Inh} \cdot \Delta p}{p_{FL}}$$

$$\Delta p = p_{e1} - p_{e2}$$

Tabelle 1: Richtwerte für Gasverbrauch

Brennergröße Düsen ∅ mm	Gasverbrauch beim Schweißen von Stahl Acetylen in l/h	Sauerstoff in l/h	Brennergröße Düsen ∅ mm	Gasverbrauch beim Schweißen von Stahl Acetylen in l/h	Sauerstoff in l/h
0,5 bis 1,0	75	83	4,0 bis 6,0	385	425
1,0 bis 2,0	130	145	6,0 bis 9,0	650	720
2,0 bis 4,0	150	170	9,0 bis 14,0	1000	1100

4.3 Gasverbrauch zur Stofferwärmung

Q Wärmemenge in Wh
m Stoffmasse in kg
c spez. Wärmekapazität in Wh/(kg · K)
$\Delta\vartheta$ Temperaturdifferenz in K
ϑ_1 Anfangstemperatur in °C
ϑ_2 Endtemperatur in °C

$$Q = m \cdot c \cdot \Delta\vartheta$$

$$m = \frac{Q}{c \cdot \Delta\vartheta} \qquad \Delta\vartheta = \frac{Q}{m \cdot c}$$

$$\Delta\vartheta = \vartheta_2 - \vartheta_1$$

Heizwertgeräte

V_G Gasvolumen in m³
$H_{i,B}$ Betriebsheizwert in kWh/m³

$$Q = V_G \cdot H_{i,B}$$

$$V_G = \frac{Q}{H_{i,B}}$$

Brennwertgeräte

V_G Gasvolumen in m³
$H_{s,B}$ Betriebsbrennwert in kWh/m³
$H_{i,n}$ Heizwert des Gases im Normzustand (0 °C, 1013 mbar) in kWh/m³
$H_{s,n}$ Brennwert des Gases im Normzustand (0 °C, 1013 mbar) in kWh/m³

$$Q = V_G \cdot H_{s,B}$$

$$V_G = \frac{Q}{H_{s,B}}$$

$$H_{i,B} = H_{i,n} \cdot 0{,}965$$

$$H_{s,B} = H_{s,n} \cdot 0{,}965$$

Tabelle 2: Spezifische Wärmekapazität *c* verschiedener Stoffe

Werkstoff	*c* in Wh/(kg · K)	Werkstoff	*c* in Wh/(kg · K)
Wasser	1,163	Kupfer	0,108
Wasserdampf	0,560	Messing	0,108
Eis	0,580	Stahl	0,105
Heizöl EL	0,523	Grauguss	0,151
Heizöl S	0,585	Aluminium	0,281

Tabelle 3: Wärmewerte für Gase

Gasart	$H_{s,n}$	$H_{i,n}$
Ferngas	5,8 kWh/m³	4,9 kWh/m³
Erdgas LL	9,8 kWh/m³	8,8 kWh/m³
Erdgas E	11,6 kWh/m³	10,4 kWh/m³
Propan	28,3 kWh/m³	26,0 kWh/m³
Butan	37,2 kWh/m³	34,4 kWh/m³
Propan/Butan	32,8 kWh/m³	30,2 kWh/m³
Acetylen	17,3 kWh/m³	15,8 kWh/m³

4.4 Gasgeräteleistung und Wirkungsgrad

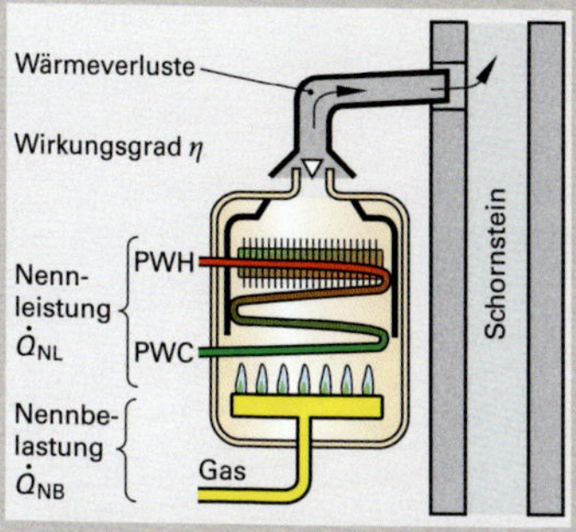

m	Masse	in kg
c	spez. Wärmekapazität	in Wh/(kg · K)
t	Zeit	in h
$\dot{Q}_{NL}$	Nennleistung	in W oder kW
$\dot{Q}_{NB}$	Nennbelastung	in W oder kW
V_G	Gasmenge	in m³
$H_{i,B}$	Betriebsheizwert	in kWh/m³
η	Wirkungsgrad	

Nennleistung

$$\dot{Q}_{NL} = \frac{m \cdot c \cdot \Delta\vartheta}{t}$$

$$m = \frac{\dot{Q}_{NL} \cdot t}{c \cdot \Delta\vartheta} \qquad \Delta\vartheta = \frac{\dot{Q}_{NL} \cdot t}{m \cdot c}$$

$$t = \frac{m \cdot c \cdot \Delta\vartheta}{\dot{Q}_{NL}}$$

Nennbelastung

$$\dot{Q}_{NB} = \frac{V_G \cdot H_{i,B}}{t}$$

$$V_G = \frac{\dot{Q}_{NB} \cdot t}{H_{i,B}} \qquad t = \frac{V_G \cdot H_{i,B}}{\dot{Q}_{NB}}$$

Wirkungsgrad

$$\eta = \frac{\dot{Q}_{NL}}{\dot{Q}_{NB}} \cdot 100\,\%$$

$$\dot{Q}_{NL} = \dot{Q}_{NB} \cdot \eta \qquad \dot{Q}_{NB} = \frac{\dot{Q}_{NL}}{\eta}$$

4.5 Anschluss- und Einstellwerte

$\dot{V}_A$	Anschlusswert	in m³/h
$\dot{V}_E$	Einstellwert	in l/min
$\dot{Q}_{NB}$	Nennbelastung	in kW
$H_{i,B}$	Betriebsheizwert	in kWh/m³

$$\dot{V}_A = \frac{\dot{Q}_{NB}}{H_{i,B}} \qquad \dot{Q}_{NB} = \dot{V}_A \cdot H_{i,B}$$

$$\dot{V}_E = \frac{\dot{Q}_{NB} \cdot 1000\ \text{l/m}^3}{H_{i,B} \cdot 60\ \text{min/h}} \qquad \dot{Q}_{NB} = \frac{\dot{V}_E \cdot H_{i,B} \cdot 60\ \text{min} \cdot \text{m}^3}{1000\ \text{l} \cdot 1\ \text{h}}$$

Tabelle 1: Einstellung nach dem Düsendruck

Gasart	Wobbe-Index W_S (kWh/m³)	Düsendruck bei Nennwärmebelastung in mbar Klammerwerte 85 % Nennwärmebelastung MAG			Gasart	Wobbe-Index W_S (kWh/m³)	Düsendruck bei Nennwärmebelastung in mbar Klammerwerte 85 % Nennwärmebelastung MAG		
		275 MAG	350 MAG	400 MAG			275 MAG	350 MAG	400 MAG
2. Gasfamilie	11,65	7,3 (5,2)	8,7 (0,3)	6,7 (4,9)	2. Gasfamilie	13,25	9,3 (6,7)	11,1 (8,0)	8,7 (6,3)
	11,90	7,0 (5,0)	8,3 (6,0)	6,5 (4,7)		13,50	8,9 (6,4)	10,7 (7,7)	8,4 (6,1)
Erdgase Gruppe LL	12,15	6,7 (4,8)	8,0 (5,8)	6,2 (4,5)		13,75	8,6 (6,2)	10,3 (7,4)	8,1 (5,8)
	12,40	6,4 (4,6)	7,7 (5,5)	5,9 (4,3	Erdgase Gruppe E	14,00	8,3 (6,0)	9,9 (7,2)	7,8 (5,6)
	12,65	6,2 (4,5)	7,4 (5,3)	5,7 (4,1)		14,25	8,0 (5,8)	9,6 (6,9)	7,5 (5,4)
	12,90	5,9 (4,3)	7,1 (5,1)	5,5 (4,0)		14,50	7,7 (5,6)	9,2 (6,7)	7,3 (5,2)
	13,25	5,6 (4,1)	6,7 (4,9)	5,2 (3,8)		14,75	7,5 (5,4)	8,9 (6,4)	7,0 (5,1)

4.6 Kostenermittlung zum Gasverbrauch

K	Brennstoffkosten	in €
V_G	Gasverbrauch	in m³
EP	Energiepreis	in €/m³

$$K = V_G \cdot E_P$$

4.7 Raum- und Verbrennungsluft-Verbund

Schutzziel 1: Raumverbund für Gasgeräte Art B1 und Art B4; RLV ≥ 1 : 1

Schutzziel 2: Verbrennungsluft-Verbund für Gasgeräte Art B1 bis Art B5

q_{Bed}	Verbrennungsluftbedarf	in m³/h
$\sum \dot{Q}_{NL}$	Gesamtnennleistung	in kW
$q_{VL,anr}$	anrechenbarer Verbrennungsluft-Volumenstrom	in m³/h
V_R	Raumvolumen	in m³
n	berechnete Luftwechselrate je nach Haustyp	in 1/h
f_{wirk}	Korrekturfaktor je nach Gebäudeart Tabelle 1, Seite 39	
n_{50}	Auslegungswert der Luftwechselrate	in 1/h

$$q_{Bed} = \sum \dot{Q}_{NL} \cdot 1{,}6\ m^3/h \cdot kW$$

$$q_{Bed} \geq q_{VL,anr}$$

$$q_{VL,anr} = V_R \cdot n$$

$$n = f_{wirk} \cdot n_{50} \cdot 0{,}1857$$

Tabelle 1: Haustyp je nach Gebäudealter und Gebäudeart

Wohngebäude nach Herstellungsjahr und Ausstattung mit oder ohne Wohnraumlüftung WRL	**Auslegungswert des Luftwechsels** n_{50}	**eingeschossige Wohnung** Korrekturfaktor $f = 0{,}7$		**mehrgeschossige Wohnung** Korrekturfaktor $f = 0{,}8$	
		Haustyp	**Luftwechselrate**	**Haustyp**	**Luftwechselrate**
Wohngebäude ab 2002 mit kontrollierter WRL für Ein- und Mehrfamilienhäuser	1,0 l/h	1	0,13 l/h	2	0,15 l/h
Wohngebäude ab 2002 mit freier Lüftung für Ein- und Mehrfamilienhäuser Wohngebäude vor 2002, aber mit Verbesserung an der Gebäudehülle nach 2002 für Mehrfamilienhäuser	1,5 l/h	3	0,19 l/h	4	0,22 l/h
Wohngebäude wie vor, jedoch als Einfamilienhaus	2,0 l/h	5	0,26 l/h	6	0,30 l/h
Wohngebäude vor 2002 errichtet als Ein- und Mehrfamilienhäuser ohne Änderung der Luftdurchlässigkeit **(Entspricht der bisherigen 4 m³/kW-Regel)**	3,0 l/h	7	0,40 l/h	7	0,40 l/h

unmittelbarer Verbrennungsluftverbund

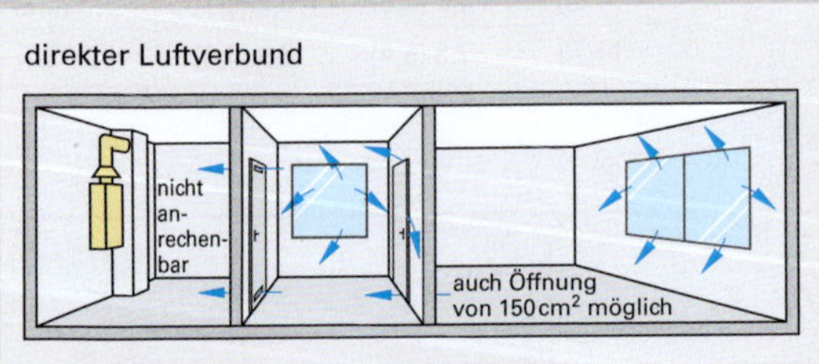

mittelbarer Verbrennungsluftverbund

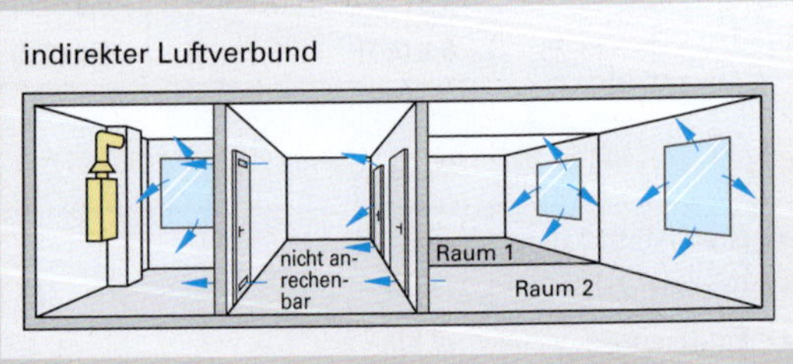

Tabelle 1: Auslegungswerte und anrechenbarer Verbrennungsluftverbund q_{VL} in m³/h

Eingeschossige Wohnung			Mehrgeschossige Wohnung			Referenzwert nach TRGI 2008	Verbrennungsluft-Volumenstrom durch Infiltration q_{VL} in m³/h					
Korrekturfaktor für Infiltrationsanteile f							Aufstellraum mit Tür oder Fenster zum Öffnen ins Freie sowie Innentür mit Verbrennungsluftöffnung von mindestens 150 cm² freiem Querschnitt	Innentür ohne umlaufende Dichtung		Innentür mit 3-seitig umlaufender Dichtung		
f = 0,7			f = 0,8			f = 0,7		Kurve 2	Kurve 3	Kurve 1	Kurve 2	Kurve 3
Auslegungswert n_{50}			Auslegungswert n_{50}			Auslegungswert n_{50}		Türblatt ungekürzt	Türblatt 1,0 cm gekürzt	Türblatt ungekürzt	Türblatt 1,0 cm gekürzt	Türblatt 1,5 cm gekürzt
1,0 1/h	1,5 1/h	2,0 1/h	1,0 1/h	1,5 1/h	2,0 1/h	0,4 1/h						
errechneter Luftwechsel n			errechneter Luftwechsel n			errechneter Luftwechsel n						
0,13 1/h	0,19 1/h	0,26 1/h	0,15 1/h	0,22 1/h	0,30 1/h	0,40 1/h						
Raumvolumen V in m³			Raumvolumen V in m³			Raumvolumen V in m³	Kurve 4					
HT 1	HT 3	HT 5	HT 2	HT 4	HT 6	Haustyp 7	m³/h	m³/h	m³/h	m³/h	m³/h	m³/h
25	17	12	21	15	11	8	3,2	3,0	3,0	2,7	3,0	3,0
31	21	15	27	18	13	10	4,0	3,8	3,8	3,4	3,8	3,8
37	25	18	32	22	16	12	4,8	4,5	4,6	3,7	4,5	4,6
43	29	22	37	25	19	14	5,6	5,1	5,3	4,2	5,1	5,3
49	34	25	43	29	21	16	6,4	5,9	6,1	4,5	5,9	6,1
55	38	28	48	33	24	18	7,2	6,6	6,9	5,0	6,6	6,9
62	42	31	53	36	27	20	8,0	7,4	7,5	5,3	7,4	7,5
68	46	34	59	40	29	22	8,8	8,0	8,3	5,6	8,0	8,3
74	51	37	64	44	32	24	9,6	8,6	9,1	5,8	8,6	9,1
80	55	40	69	47	35	26	10,4	9,3	9,8	6,1	9,3	9,8
86	59	43	75	51	37	28	11,2	9,9	10,6	6,2	9,9	10,6
92	63	46	80	55	40	30	12,0	10,6	11,4	6,6	10,6	11,4
98	67	49	85	58	43	32	12,8	11,2	12,0	6,7	11,2	12,0
105	72	52	91	62	45	34	13,6	11,7	12,6	6,9	11,7	12,6
111	76	55	96	65	48	36	14,4	12,3	13,4	7,0	12,3	13,4
117	80	58	101	69	51	38	15,2	13,0	14,1	7,0	13,0	14,1
123	84	62	107	73	53	40	16,0	13,6	14,9	7,2	13,6	14,9
129	88	65	112	76	56	42	16,9	14,1	15,5	7,4	14,1	15,5
135	93	68	117	80	59	44	17,6	14,6	16,2	7,5	14,6	16,2
142	97	71	123	84	61	46	18,4	15,0	17,0	7,5	15,0	17,0
148	101	74	128	87	64	48	19,2	15,7	17,6	7,7	15,7	17,6
154	105	77	133	91	67	50	20,0	16,2	18,2	7,7	16,2	18,2
160	109	80	139	95	69	52	20,8	16,6	18,9	7,8	16,6	18,9
166	114	83	144	98	72	54	21,6	17,1	19,5	7,8	17,1	19,5
172	118	86	149	102	75	56	22,4	17,6	20,0	8,0	17,6	20,0
178	122	89	155	105	77	58	23,2	18,1	20,8	8,0	18,1	20,8
185	126	92	160	109	80	60	24,0	18,6	21,4	8,2	18,6	21,4
191	131	95	165	113	83	62	24,8	19,0	22,1	8,2	19,0	22,1
197	135	98	171	116	85	64	25,6	19,4	22,7	8,2	19,4	22,7
203	139	102	176	120	88	66	26,4	19,8	23,4	8,2	19,8	23,4
209	143	105	181	124	91	68	27,2	20,3	23,8	8,3	20,3	23,8
215	147	108	187	127	93	70	28,0	20,6	24,5	8,3	20,6	24,5
222	152	111	192	131	96	72	28,8	21,1	25,1	8,3	21,1	25,1
228	156	114	197	135	99	74	29,6	21,4	25,6	8,5	21,4	25,6
234	160	117	203	138	101	76	30,4	21,8	26,2	8,5	21,8	26,2
240	164	120	208	142	104	78	31,2	22,2	26,7	8,5	22,2	26,7
246	168	123	213	145	107	80	32,0	22,6	27,4	8,5	22,6	27,4
252	173	126	219	149	109	82	32,8	22,9	27,8	8,5	22,9	27,8

4.8 Luftbedarf bei der Verbrennung

λ Luftverhältniszahl ohne Einheit

L_{min} theoretischer Luftbedarf in m³/m³ bei Gasen, in m³/kg bei festen oder flüssigen Brennstoffen

L_{tats} tatsächlicher Luftbedarf in m³/m³ (m³/kg)

O_2 gemessener Rest-Sauerstoffgehalt im Abgas in %

CO_2 gemessener Kohlenstoffdioxid-Gehalt im Abgas in %

$CO_{2\,max}$ rechnerisch maximal möglicher Kohlenstoffdioxid-Gehalt im Abgas in %

$$\lambda = \frac{L_{tats}}{L_{min}}$$

$$L_{tats} = \lambda \cdot L_{min}$$

$$\lambda = 1 + \frac{O_2}{21\,\% - O_2}$$

$$L_{min} = \frac{L_{tats}}{\lambda}$$

$$\lambda = \frac{CO_{2max}}{CO_2}$$

Tabelle 1: Rest-Sauerstoffgehalt O_2 und Kohlenstoffdioxid-Gehalt CO_2 im Abgas

Brennstoff	Sauerstoffgehalt (gemessen) O_2 in %	Kohlenstoffdioxid (gemessen) CO_2 in %	Kohlenstoffdioxid (maximal möglich) CO_{2max} in %
Koks	2,0 ... 6,0	14,0 ... 16,0	20,6
Heizöl EL	2,0 ... 6,0	12,0 ... 14,0	15,4
Erdgas LL	2,0 ... 6,0	8,0 ... 10,0	11,5
Erdgas E	2,0 ... 6,0	8,0 ... 10,0	11,9
Propan	2,0 ... 6,0	10,0 ... 12,0	13,8
Butan	2,0 ... 6,0	10,0 ... 12,0	14,0

Tabelle 2: Luftverhältniszahl λ

Ölfeuerung	λ	Gasfeuerung	λ
Verdampfungsbrenner	1,3 bis 1,4	atmosphärische Brenner	1,1 bis 1,3
Gebläsebrenner, gelb	1,15 bis 1,3		
Gebläsebrenner, blau	1,1 bis 1,4	Gebläsebrenner	1,1 bis 1,4

Tabelle 3: Verbrennungsluftbedarf verschiedener Brennstoffe

Brennstoff	theoretischer Luftbedarf L_{min} in m³/kg	Brennstoff	theoretischer Luftbedarf L_{min} in m³/m³
Holz	4,2	Ergdas LL	8,6
Koks	7,6	Erdgas E	10,6
Heizöl EL	10,6	Propan	23,8
Heizöl S	10,2	Butan	31,0

4.9 Abgasverluste und Wirkungsgrade

Abgasverluste und feuerungstechnischer Wirkungsgrad

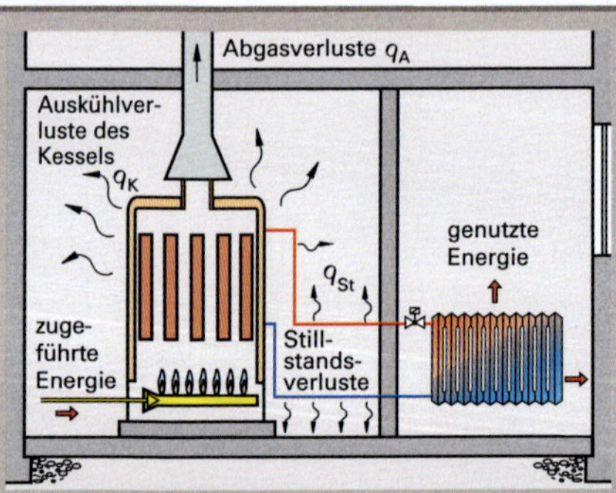

ϑ_A Abgastemperatur in °C

ϑ_L Verbrennungsluft-Temperatur in °C

CO_2 Kohlenstoffdioxid-Gehalt in %

O_2 Sauerstoff-Gehalt in %

A_1, A_2, B Beiwerte ohne Maßeinheit, je nach der Art des Brennstoffes

q_A Abgasverluste in %

η_F feuerungstechnischer Wirkungsgrad in %

$$q_A = (\vartheta_A - \vartheta_L) \cdot \left(\frac{A_1}{CO_2} + B\right)$$

$$q_A = (\vartheta_A - \vartheta_L) \cdot \left(\frac{A_2}{21 - O_2} + B\right)$$

$$\eta_F = 100\,\% - q_A$$

Tabelle 4: Brennstoffabhängige Beiwerte

Beiwerte	Brennstoffart			
	Heizöl	Erdgas	Stadtgas	Flüssiggas und Flüssiggas-Luftgemische
A_1	0,50	0,37	0,35	0,42
A_2	0,68	0,66	0,63	0,63
B	0,007	0,009	0,011	0,008

Abkühlungsverluste und Kesselwirkungsgrad

η_K Kesselwirkungsgrad in %
q_A Abgasverlust in %
q_K Auskühlverlust in %
η_F feuerungstechnischer Wirkungsgrad in %

$$\eta_K = 100\,\% - q_A - q_K$$

$$\eta_K = \eta_F - q_K$$

Tabelle 1: Maximale Abgasverluste q_A in % für öl- und gasförmige Brennstoffe

Nennwärmeleistung $\dot{Q}_{NL}$	Für Anlagen mit Einbaudatum			
	bis 31.12.82	bis 30.09.88	ab 01.10.88	ab 01.01.98
> 4,0 kW ≤ 25,0 kW	15 %	14 %	12 %	11 %
> 25,0 kW ≤ 50,0 kW	14 %	13 %	11 %	10 %
> 50,0 kW	13 %	12 %	10 %	9 %

Anlagenverluste und Anlagenwirkungsgrad

η_{ges} Anlagenwirkungsgrad (Nutzungsgrad) in %
q_A Abgasverluste in %
q_K Auskühlverluste am Kessel in %
q_{St} Stillstandsverluste (Auskühlverluste) der Rohrleitungen in %

$$\eta_{ges} = 100\,\% - q_A - q_K - q_{St}$$

4.10 Jahresnutzungsgrad

η_a Jahresnutzungsgrad des Kessels in %
η_K Kesselwirkungsgrad in %
q_K Betriebsbereitschaftsverlust (Herstellerangabe) ohne Einheit
b_a Betriebsbereitschaftszeit in h/a
b_{VH} Vollbenutzungsstunden des Brenners in h/a
f_S mittl. Verschmutzungsfaktor des Kessels

$\dot{Q}_N$ Norm-Heizlast in kW
b_{VH} Vollnutzungsstunden des Brenners in h/a

H_i Heizwert des Brennstoffes in kWh/kg (kWh/m³)
B_a Jahresbrennstoffverbrauch in kg/a (m³/a)

$$\eta_a = \frac{f_S \cdot \eta_K}{1{,}0 + \left(\frac{b_a}{b_{VH}} - 1{,}0\right) \cdot q_K}$$

$$\eta_a = \frac{\dot{Q}_N \cdot b_{VH}}{H_i \cdot B_a}$$

$$B_a = \frac{\dot{Q}_N \cdot b_{VH}}{H_i \cdot \eta_a}$$

Tabelle 2: Verschmutzungsfaktor f_s

Gas	Öl
1,0	0,98

Tabelle 3: Vollnutzungsstunden (b_{VH}) für Heizungsanlagen und Trinkwassererwärmung

Gebäudeart	Heizung ohne TWE	Trinkwassererwärmung
Etagenwohnung	1400 h/a	65 h/a
Einfamilien-Wohnhaus	1450 h/a	70 h/a
Mehrfamilien-Wohnhaus	1600 h/a	80 h/a
Bürogebäude	1450 h/a	75 h/a
Krankenhaus	2200 h/a	140 h/a
Schulgebäude	1150 h/a	50 h/a

4.11 Abgasvolumen und Verbindungsstücke

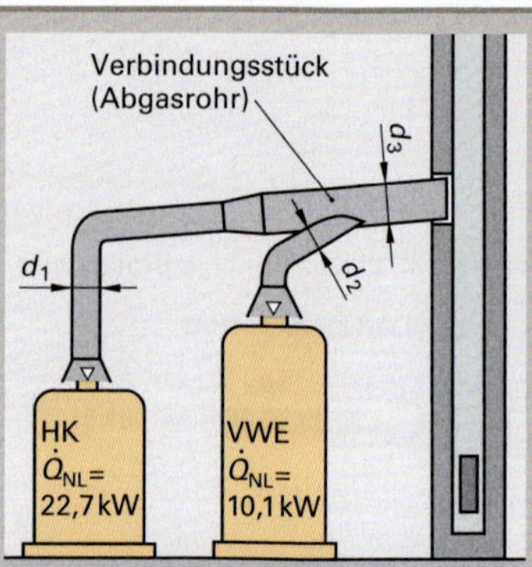

V_A	Abgasvolumen	in m³
V_G	Gasmenge	in m³
V_{Lprakt}	praktischer Luftbedarf	in m³
ΔV	Volumenausdehnung	in m³
t	Brennerlaufzeit	in h
$\Delta\vartheta$	Temperaturerhöhung Verbrennungsluft zu Abgastemperatur	in K
A_1	Fläche 1	in cm²
A_2	Fläche 2	in cm²
A_{ges}	gemeinsame Querschnittsfläche	in cm²

$$V_A = V_G + V_{Lprakt} + \Delta V$$

$$V_G = \frac{\dot{Q}_{NB} \cdot t}{H_i}$$

V_{Lprakt} = nach **Tabelle 1**

$$\Delta V = (V_G + V_{Lprakt}) \cdot \frac{\Delta\vartheta}{273\ \text{K}}$$

Tabelle 1: Verbrennungsluftbedarf bei Gasen

Gasart	**Luftbedarf m³/m³**	
	V_{theor} in m³	**V_{prakt} in m³**
Stadtgas	3,8	5,0 … 6,0
Erdgas LL	8,2	10,5 … 12,0
Erdgas E	9,9	12,5 … 15,0
Propan	23,8	32,0 … 35,0
Butan	31,0	41,0 … 45,0

$$A_{ges} = 0{,}8 \cdot (A_1 + A_2)$$

Tabelle 2: Bestimmung von Verbindungsstücken

Nennwärme-leistung $\dot{Q}_{NL}$ kW	(Kreis, d) A cm²	d cm	(Quadrat, a) A cm²	a cm	(Rechteck, l, b) A cm²	l cm	b cm
≤ 2,8	20	5	25	5	24	6	4
2,8 … 4,2	28	6	36	6	35	7	5
4,2 … 5,9	38	7	49	7	48	8	6
5,9 … 9,1	50	8	64	8	70	10	7
9,1 … 13,2	62	9	81	9	77	11	7
13,2 … 17,4	80	10	100	10	104	13	8
17,4 … 21,6	95	11	121	11	126	14	9
21,6 … 27,2	115	12	144	12	150	15	10
27,2 … 34,9	135	13	169	13	176	16	11

4.12 Dimensionierung von Niederdruckgasleitungen (Erdgas)

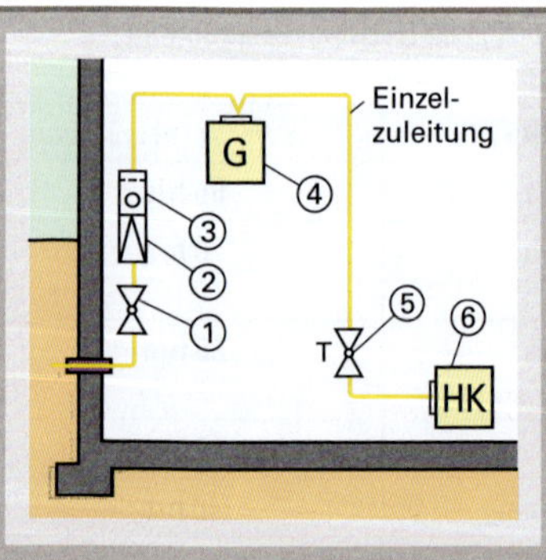

① Hauptabsperreinrichtung, HAE
② Gas-Druckregelgerät, GR
③ Gas-Strömungswächter, GS
④ Gaszähler (Einstutzen), G
⑤ Absperreinrichtung mit TAE
⑥ Gasheizkessel, HK

Tabelle 3: Leitungslängenzuschlag l_w/l_{TA}

Nennweite	d_a	≤ ∅28	∅ 35	∅ 42
	DN	≤ 25	32	40
90° Winkel/Bogen		0,3 m	0,5 m	0,7 m
T-Abgang		0,7 m	1,0 m	1,5 m

Diagrammverfahren

Bemessung von Einzelzuleitungen aus Stahl, DIN EN 10255 mittlere Reihe

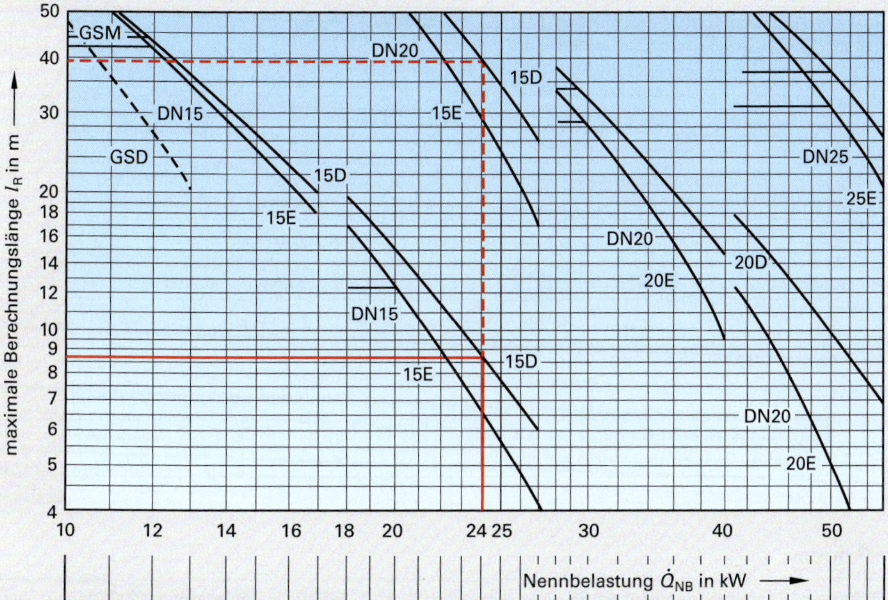

Strömungswächter: GS 2,5	GS 4	GS 6	GS 10
Gaszähler: G2,5		G 4	G 6

Bemessung von Einzelzuleitungen aus Kupfer, DIN EN 1057 oder Edelstahl GW 541

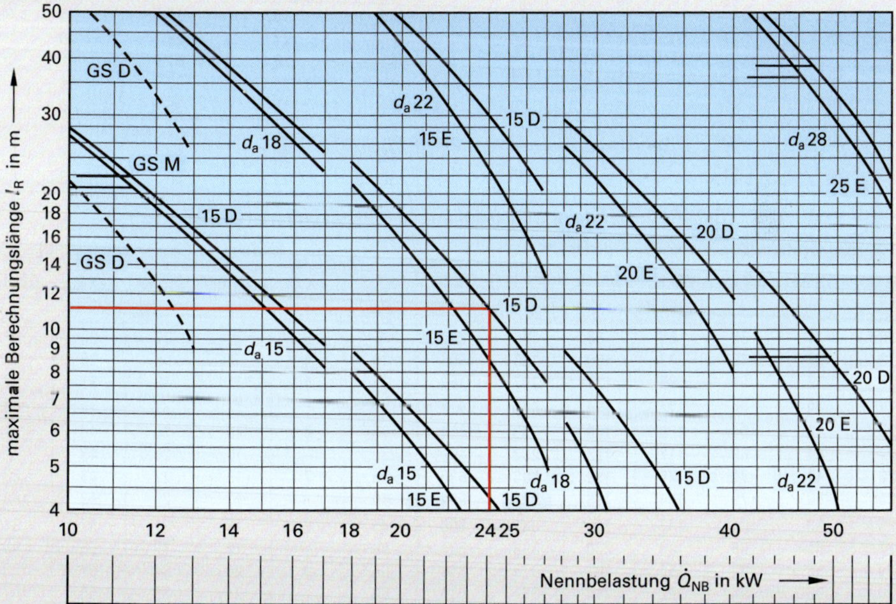

Strömungswächter GS 2,5	GS 4	GS 6	GS 10
Gaszähler: G2,5		G 4	G 6

Bemessung von Einzelzuleitung aus Wellrohr, DIN EN 15266

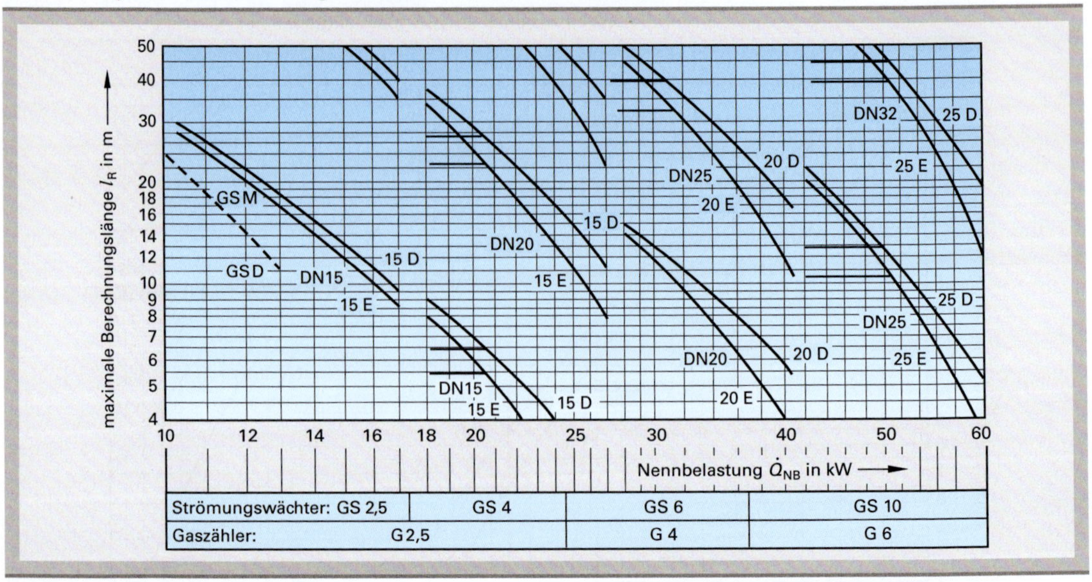

Tabellenverfahren

Tabelle 1: Gasströmungswächter GS

Δp (Pa)	GS 2,5 $\dot{Q}_{SB}$ (kW)	GS 4 $\dot{Q}_{SB}$ (kW)	GS 6 $\dot{Q}_{SB}$ (kW)	GS 10 $\dot{Q}_{SB}$ (kW)
10	10	17	25	43
15	12	20	30	50
20	14	23	34	57
25	15	25	38	63
30	17	27	41	69
35	18	29	44	74
40	19	31	47	79
45	20	33	50	83
50	21	34	51	86

Tabelle 2: Zählergruppe (Balgengaszähler)

Δp (Pa)	GS 2,5 $\dot{Q}_{SB}$ (kW)	GS 4 $\dot{Q}_{SB}$ (kW)	GS 6 $\dot{Q}_{SB}$ (kW)	GS 10 $\dot{Q}_{SB}$ (kW)
30	5	8	10	17
35	10	14	18	30
40	13	18	23	39
45	15	21	28	47
50	17	24	32	53
55	19	27	35	59
60	21	29	38	64
65	22	31	41	69
70	24	33	44	73
75	25	35	46	77
80	26	37	49	81
85	28	39	51	85
90	29	40	53	89

Tabelle 3: Geräteanschlussarmaturen GSD mit integrierter TAE

Durchgangsform (D) (gilt auch für einzelne TAE)								Eckform (E), Gassteckdose (GSD)						
Δp_{GA} Pa	DN 15	DN 20	DN 25	DN 32 $\dot{Q}_{NB}$ (kW)	DN 40	DN 50	DN 65	Δp_{GA} Pa	DN 12	DN 15	DN 20 $\dot{Q}_{NB}$ (kW)	DN 25	DN 32	DN 40
5	10	21	33	56	83	135	237	5	3	7	12	20	37	58
10	13	27	43	73	108	175	306	10	4	9	15	26	48	75
15	16	32	51	86	127	207	362	15	5	11	18	31	57	89
20	18	36	58	97	144	235	410	20	–	12	21	36	64	100
25	20	40	64	108	160	259	454	25	6	14	23	40	71	111
30	21	44	69	117	173	282	493	30	–	15	25	43	77	121
35	23	47	74	126	186	303	530	35	7	16	27	46	83	130
40	25	50	79	134	198	322	564	40	–	17	29	49	89	138
45	26	53	84	142	210	341	596	45	8	18	31	52	94	146
50	27	55	88	149	220	358	627	50	–	19	32	55	98	154
55	29	58	92	156	231	375	656	55	9	20	34	57	103	161
60	30	60	96	162	240	391	684	60	–	21	35	60	107	168
65	31	63	100	169	250	406	711	65	–	22	37	62	112	174
70	32	65	103	175	259	421	737	70	10	–	38	64	116	181
75	33	67	107	181	268	435	762	75	–	23	39	67	120	187
80	34	69	110	186	276	449	786	* Gassteckdose DN 12 ≙ R ½						

Tabelle 1: Längenzuschlag für Formteile (metallene Leitungen)

d_a (mm) DN	bis 28 bis 25	35 32	42 40	54 50	64 65
l_{TA} (m)	0,7	1,0	1,5	2,0	2,5
l_W (m)	0,3	0,5	0,7	1,0	1,2

l_{TA}: T-Stück 90°Abzweig, l_W: 90°-Winkel

Tabelle 2: Rohrdruckgefälle für Stahlrohr DIN EN 10 255 mittlere Reihe (Einzelzu- und Abzweigleitung)

R	DN 15	DN 20	DN 25	DN 32	DN 40	DN 50
Pa/m	$\dot{Q}$ (kW)					
0,4	–	6	12	27	41	80
0,6	–	8	15	34	52	100
0,8	3	9	18	40	61	118
1,0	4	11	21	46	70	134
1,2	5	12	23	50	76	147
1,4	–	13	25	54	83	159
1,6	6	14	27	58	89	171
1,8	–	15	29	62	95	182
2,0	7	16	31	68	103	197
2,5	8	18	35	77	116	220
3,0	9	20	39	84	128	240
3,5	–	22	42	91	138	260
4,0	10	24	46	100	151	285
5	**12**	**28**	**52**	**112**	**170**	**325**

Tabelle 3: Rohrdruckgefälle für Kupfer- und Edelstahlrohr Einzelzuleitung und Abzweigleitung

R	d_a 15	18	22	28	35	42	54	64
Pa/m	$\dot{Q}_{NB}$ (kW)							
0,4			4	11	20	36	75	118
0,6			6	14	26	45	96	150
0,8		3	8	16	31	54	113	177
1,0		4	9	19	35	61	129	200
1,2		5	10	21	39	68	142	220
1,4		6		23	42	74	154	240
1,6	3		11	24	46	79	166	255
1,8		7	12	26	49	85	177	275
2,0	4		13	29	53	92	193	300
2,5	5	8	15	33	61	105	215	340
3,0		9	17	36	67	116	240	375
3,5	6	10	18	39	73	126	260	405
4,0		11	20	43	80	138	285	445
5	**7**	**13**	**23**	**49**	**91**	**157**	**325**	**505**
6	8	14	26	54	100	173	355	555
7	9	16	28	59	109	188	385	600
8		17	30	64	117	200	415	645
9	10	18	32	68	125	215	445	690
10	**11**	**20**	**35**	**74**	**136**	**230**	**480**	**750**

4.13 Dimensionierung von Flüssiggasleitungen

Rohrweitenbestimmung für Niederdruckleitungen mittels Diagramm:

1. Bestimmung der Nennbelastung $\dot{Q}_{NB}$
2. Ermittlung der Berechnungslänge l_R
3. Auswahl der Rohrnennweite

Tabelle 4: Niederdruckbereich (Δp < 100 mbar)

- Flüssiggasanlage ohne Gaszäher
- es wird nur ein Gasgerät installiert
- Gerätehöhe < 10 m über dem Niederdruckregler
- Rohrwerkstoff: Kupfer oder Edelstahl
- Geräteleistung $\dot{Q}_{NB} \leq$ 128 W

Tabelle 5: Mitteldruckbereich (Δp > 100 mbar)

- Flüssiggasanlage mit oder ohne Gaszähler
- Je nach Rohrwerkstoff stehen Diagramme für Kupfer, Edelstahl, Stahl, Präzisionsstahl, PE-Rohr SDR 11 zur Verfügung.
- Geräteleistung $\dot{Q}_{NB} \leq$ 128 kW

4 Gas- und Abgastechnik

Bestimmung der Berechnungslänge

l_R	Berechnungslänge	in m
l_{ges}	gemessene Rohrlänge	in m
l_W	Formteilzuschlag	in m

$$l_R = l_{ges} + l_W$$

Bestimmung der Berechnungslänge

Die Berechnungslänge setzt sich zusammen aus den Längen der Teilstrecken und den Zuschlägen für Formteile, wie z. B. Bogen, Winkel oder T-Stücke.

Bezeichnungen

GS Gasströmungswächter
G Gaszähler
GR Gasdruckregler
GSD Gassteckdose
GA Geräteanschlussarmatur
TAE Thermisch auslösende Absperreinrichtung
T Absperreinrichtung mit kombinierter TAE
AE Absperreinrichtung Eckform

Tabelle 1: Gasströmungswächter, Auswahl und Mindestnennweite

Typ/ Größe	ein Gasgerät	mehrere Gasgeräte	Mindestnennweite der Gasleitung		
GS K	Nennbelastung $\dot{Q}_{NB}$ in kW	Nennbelastung $\Sigma\dot{Q}_{NB}$ in kW	Cu-Rohr, Edelstahl	Präzisions-Stahlrohr	Stahlrohr
GS 1,6	bis 18	bis 25	da 12	12 × 1,0	DN 10
GS 2,5	19 bis 28	26 bis 40	da 15	15 × 1,5	DN 10
GS 4	29 bis 45	41 bis 64	da 15	18 × 1,5	DN 15
GS 6	46 bis 67	65 bis 96	da 18	22 × 1,5	DN 20
GS 10	68 bis 112	97 bis 160	da 22	28 × 2,0	DN 25

Tabelle 2: Gasströmungswächter GS ($f_G = 1$)

Druckverlust Δp in Pa	Größe – Nennbelastung $\dot{Q}_{NB}$ in kW			
	GS 1,6	GS 2,5	GS 4	GS 6
10	12	–	–	–
15	15	21	33	52
20	17	26	42	64
25	18	29	47	71
30	20	32	51	76
35	22	34	55	83
40	23	36	58	88
45	24	38	62	93

Einzelzuleitung **ohne** Gaszähler für Kupfer- oder Edelstahlrohr

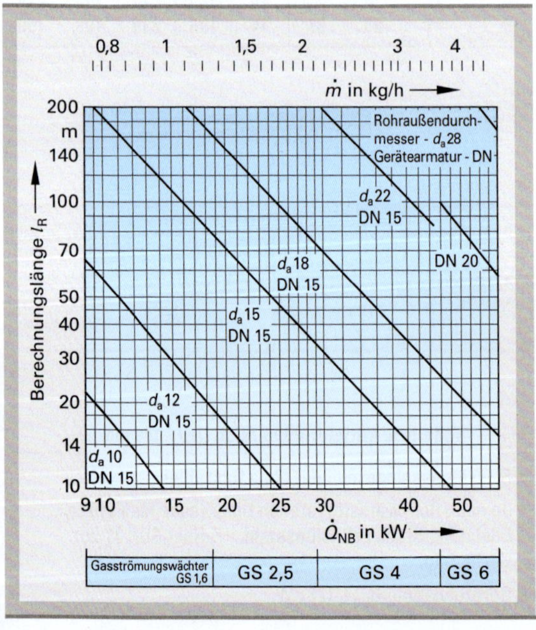

Einzelzuleitung **mit** Gaszähler für Kupfer- oder Edelstahlrohr

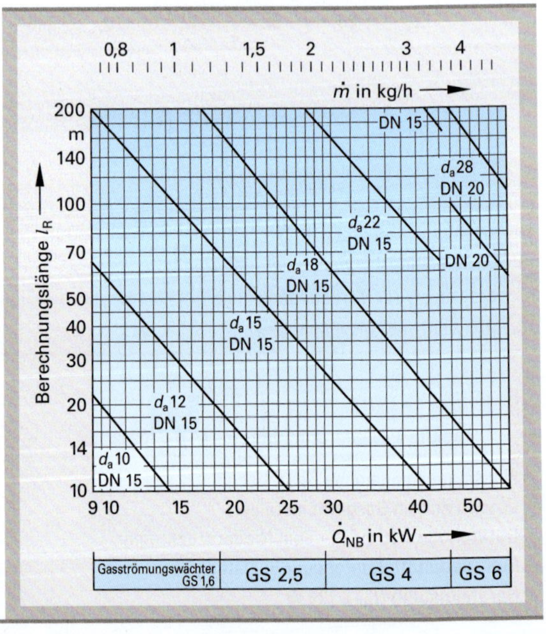

Rohrdruckgefälle bei Gleichzeitigkeitsfaktor $f_G = 1$

Tabelle 1: Kupfer- und Edelstahlrohr

R in Pa/m	l_F in m	d_a 8	10	12	15	18	22	28
		Nennbelastung $\dot{Q}_{NB}$ in kW						
0,6	–		0,7	1,8	4,6	8,3	16	29
0,8	–		1,0	2,4	5,5	9,9	18	34
1,0	350	0,4	1,2	3,0	6,3	11	21	39
1,2	290		1,4	3,5	6,9	12	23	43
1,4	250	0,5	1,7	3,6	7,6	14	25	46
1,6	220		1,9	3,9	8,2	15	27	50
1,8	195	0,6	2,1	4,2	9,0	16	29	53
2,0	175	0,7	2,5	4,6	9,5	17	32	58
2,5	140	0,9	2,8	5,2	11	19	36	66
3,0	116	1,1	3,1	5,8	12	21	39	73
3,5	100	1,3	3,3	6,3	13	23	43	79
4,0	87	1,5	3,6	6,8	14	25	46	85
4,5	77	1,7	3,9	7,2	15	27	49	90
5,0	70	1,9	4,2	7,9	16	29	53	98
6	58	2,1	4,7	9,0	18	32	59	108
7	50	2,2	5,1	9,5	20	35	64	117
8	43	2,4	5,5	10	21	37	69	126
9	38	2,6	5,9	11	23	40	73	134
10	35	2,8	6,4	12	25	43	80	146
12	29	3,1	7,1	13	27	48	88	161
14	25	3,4	7,7	14	29	52	95	174
16	21	3,7	8,3	15	32	56	102	187
18	19	4,0	9,0	16	34	59	109	199
20	17	4,3	9,6	18	37	65	118	215

Tabelle 2: Präzisionsstahlrohr

R in Pa/m	IF in m	8×1	10×1	12×1	15×1,5	18×1,5	22×1,5
		Nennbelastung $\dot{Q}_{NB}$ in kW					
0,6	–		0,7	1,8	3,8	6,5	13
0,8	–		1,0	2,4	4,2	7,7	15
1,0	350	0,4	1,2	3,0	4,7	9,0	17
1,2	290		1,4	3,5	5,2	10	19
1,4	250	0,5	1,7	3,5	5,6	11	20
1,6	220		1,9	3,6	6,1		22
1,8	195	0,6	2,1	3,9	6,5	12	23
2,0	175	0,7	2,5	4,2	7,0	13	25
2,5	140	0,9	2,8	4,8	8,0	15	29
3,0	116	1,1	2,8	5,3	9,0	16	31
3,5	100	1,3	3,1	5,7	9,5	18	34
4,0	87	1,5	3,3	6,2	10	19	36
4,5	77	1,7	3,5	6,6	11	20	39
5,0	70	1,9	3,8	7,1	12	22	42
6	58	2,1	4,2	7,8	13	24	46
7	50	2,1	4,6	8,5	14	26	49
8	43	2,2	4,9	9,0	15	28	53
9	38	2,3	5,2	10	16	30	56
10	35	2,5	5,7	11	17	32	61
12	29	2,8	6,2	12	19	35	67
14	25	3,0	6,7	13	21	38	72
16	21	3,2	7,2	13	22	40	77
18	19	3,4	7,7	14	23	43	83
20	17	3,7	8,3	15	25	46	88

Tabelle 3: Balgengaszähler G

Druckverlust Δp in Pa	Größe			
	Nennbelastung $\dot{Q}_{NB}$ in kW			
	G 2,5	G 4	G 6	G 10
30	9	15	22	37
35	16	26	39	65
40	21	33	50	84
45	25	40	60	100
50	28	45	68	113
60	35	56	85	141
70	40	64	96	160
80	44	71	106	177

Tabelle 4: Geräteanschlussarmaturen mit TAE DIN 3586

Druckverlust Δp_{GA} in Pa	Steckdose GSD	Eckhahn DN				Durchgangshahn, DN				
		10	15	20	25	10	15	20	25	32
	Nennbelastung $\dot{Q}_{NB}$ in kW									
5	7,0	7,0	13	22	38	11	19	38	61	104
10	9,0	9,0	17	29	50	14	24	50	79	134
15	10	11	20	35	59	17	29	59	94	159
20	12	13	23	39	67	19	33	67	107	180
25	13	14	26	43	74	21	36	74	118	200
30	14	15	28	47	80	23	39	80	128	217
35	15	17	30	51	86	25	42	86	138	233
40	16	18	32	54	92	27	45	92	147	248
45	17	19	34	57	97	28	48	97	155	262
50	19	20	37	62	105	31	51	105	167	282

Tabelle 5: Absperrarmaturen ohne TAE DIN EN 331

Druckverlust Δp_{GA} in Pa	Eckhahn, DN					Durchgangshahn, DN						Magnetventil, DN			
	10	15	20	25	32	8	10	15	20	25	3	6	12	20	25
	Nennbelastung $\dot{Q}_{NB}$ in kW					Nennbelastung $\dot{Q}_{NB}$ in kW						Nennbelastung $\dot{Q}_{NB}$ in kW			
5	10	19	32	54	98	10	16	27	54	87	147	3,0	8,0	24	49
10	14	24	42	70	127	14	21	35	70	112	190	4,0	11	31	63
15	16	29	50	83	150	16	25	41	83	133	225	5,0	13	37	75
20	18	33	56	94	170	18	28	47	94	151	255	–	15	42	85
25	20	36	62	104	188	20	31	52	104	167	282	6,0	17	47	94
30	22	39	68	113	204	22	34	50	113	182	307	7,0	18	51	102
35	24	42	73	122	220	24	36	61	122	195	330	–	19	55	110
40	26	45	78	130	234	26	39	65	130	208	351	8,0	21	58	117
45	27	48	82	137	247	27	41	68	137	220	371	–	22	61	123
50	29	51	88	148	266	29	44	74	148	236	399	9,0	24	66	133

Tabelle 6: Formteilzuschlag l_W

Nennweite Außen-∅ in mm	Formstück	DN ≤ 25 $d_a \leq 28$	DN 32 d_a 35	Hinweise
T-Stück Abzweig	l_{TA}	0,7 m	1,0 m	T-Stück, Durchgang $l_{TD} = 0$
Bogen 90 °	l_W	0,3 m	0,5 m	Kupfer-, Stahl- u. Edelstahlrohr
Winkel 90 °	l_W	0,7 m	1,0 m	Präzisionsstahl- u. Edelstahlrohr

Rohrdruckgefälle bei Gleichzeitigkeitsfaktor $f_G < 1$

Tabelle 1: Balgengaszähler G

Druckverlust Δp_G in Pa	Größe – Nennbelastung $\dot{Q}_{NB}$ in kW			
	G 2,5	G 4	G 6	G 10
30	10	16	25	42
35	18	29	43	104
40	23	37	67	151
45	27	44	90	190
50	31	53	110	220
60	39	81	152	290
70	44	100	181	340

Tabelle 2: Gasströmungswächter GS

Druckverlust Δp_G in Pa	Größe – Nennbelastung $\dot{Q}_{NB}$ in kW			
	GS 1,6	GS 2,5	GS 4	GS 6
10	14	–	–	–
15	16	26	41	65
20	19	29	47	96
25	21	32	58	—
30	22	35	64	–
35	24	38	–	–
40	25	40	–	–

Tabelle 3: Absperrarmaturen ohne TAE DIN EN 331

Druckverlust Δp_{AE} in Pa	Eckhahn, DN – Nennbelastung $\dot{Q}_{NB}$ in kW					Durchgangshahn, DN – Nennbelastung $\dot{Q}_{NB}$ in kW						Magnetventil, DN – Nennbelastung $\dot{Q}_{NB}$ in kW			
	10	15	20	25	32	8	10	15	20	25	32	6	12	20	25
5	12	21	36	76	186	12	18	30	76	158	309	3,0	9,0	27	63
10	15	27	47	116	257	15	23	39	116	222	416	4,0	12	35	99
15	18	32	65	148	315	18	27	46	148	274	500	5,0	15	41	127
20	21	36	82	176	366	21	31	58	176	318	575	6,0	17	47	153
25	23	40	97	201	411	23	34	70	201	358	645	7,0	18	57	175
30	25	44	110	224	452	25	37	82	224	395	705	–	20	68	196
35	27	47	123	245	490	27	40	92	245	429	765	8,0	22	77	215

Tabelle 4: Kupfer- und Edelstahlrohr

R in Pa/m	l_F in m	d_a 8	10	12	15	18	22	28
		Nennbelastung $\dot{Q}_{NB}$ in kW						
0,6	–	–	0,8	2,0	5,1	9,2	17	32
0,8	–	0,4,	1,1	2,7	6,1	11	20	38
1,0	350	–	1,3	3,3	7,0	13	23	43
1,2	290	0,5	1,6	3,9	7,7	14	26	47
1,4	250	–	1,8	4,0	8,4	15	28	56
1,6	220	0,6	2,1	4,3	9,1	16	30	65
1,8	195	0,7	2,3	4,6	9,7	17	32	73
2,0	175	0,8	2,7	5,1	11	19	35	85
2,5	140	1,0	3,1	5,8	12	22	40	105
3,0	116	1,2	3,4	6,4	13	24	44	122
3,5	100	1,4	3,7	7,0	15	26	48	138
4,0	87	1,6	4,0	7,5	16	28	55	152
4,5	77	1,8	4,3	8,0	17	30	63	166
5,0	70	2,1	4,7	8,8	18	32	74	186
6,0	58	2,3	5,2	9,7	20	36	87	210
7,0	50	2,5	5,7	11	22	39	100	230
8,0	43	2,7	6,1	–	24	42	112	255
9,0	38	2,9	6,5	12	25	44	123	275
10	35	3,2	7,1	13	27	48	139	305
12	29	3,5	7,9	15	30	59	159	340
14	25	3,8	8,6	16	33	70	178	375
16	21	4,1	9,2	17	35	79	196	405
18	19	4,4	9,8	18	38	89	210	435
20	17	4,8	11	20	41	102	235	480

Tabelle 5: Präzisionsstahlrohr

R in Pa/m	l_F in m	8×1	10×1	12×1	15×1,5	18×1,5	22×1,5	28×2
		Nennbelastung $\dot{Q}_{NB}$ in kW						
0,6	–	–	0,8	2,0	4,2	7,3	14	27
0,8	–	0,4	1,1	2,7	4,6	8,6	17	32
1,0	350	–	1,3	3,3	5,2	9,8	19	36
1,2	290	0,5	1,6	3,9	5,8	11	21	39
1,4	250	–	1,8	3,9	6,3	12	23	43
1,6	220	0,6	2,1	4,0	6,7	13	24	46
1,8	195	0,7	2,3	4,3	7,2	13	26	50
2,0	175	0,8	2,7	4,7	7,8	15	28	59
2,5	140	1,0	3,1	5,3	8,9	17	32	75
3,0	116	1,2	3,1	5,9	9,8	18	35	88
3,5	100	1,4	3,4	6,4	11	20	38	100
4,0	87	1,6	3,7	6,9	–	21	40	111
4,5	77	1,8	3,9	7,3	12	22	43	122
5,0	70	2,1	4,2	7,9	13	24	46	137
6,0	58	2,3	4,7	8,7	14	27	54	156
7,0	50	2,3	5,1	9,4	16	29	64	173
8,0	43	2,4	5,4	10	17	31	72	189
9,0	38	2,6	5,8	11	18	33	81	205
10	35	2,8	6,3	12	19	36	92	225
12	29	3,1	6,9	13	21	39	106	250
14	25	3,3	7,5	14	23	42	120	275
16	21	3,6	8,0	15	25	45	132	300
18	19	3,8	8,5	16	26	48	144	320
20	17	4,2	9,3	17	28	56	161	350

5 Heizungstechnik

5.1 Wärmeübergang

Wärmedurchlasswiderstand

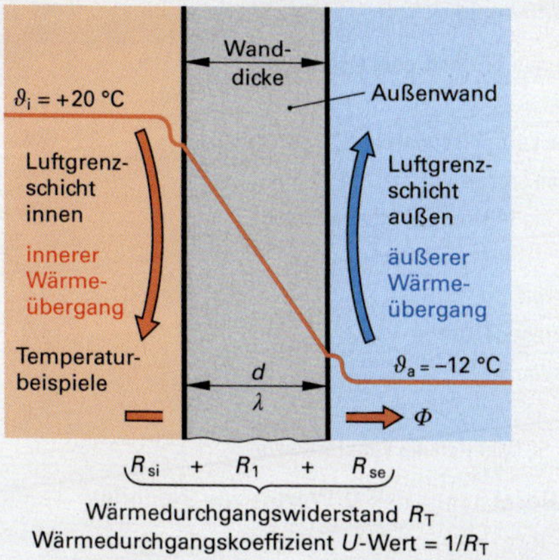

R	Wärmedurchlasswiderstand	in $m^2 \cdot K/W$
d	Baustoffdicke	in m
λ	Wärmeleitfähigkeit	in $W/(m \cdot K)$
R_T	Wärmedurchgangswiderstand eines Bauteils	in $m^2 \cdot K/W$
R_{si}	innerer Wärmeübergangswiderstand	in $m^2 \cdot K/W$
R_{se}	äußerer Wärmeübergangswiderstand	in $m^2 \cdot K/W$
$R_{1,2,n}$	Wärmedurchlasswiderstand verschiedener Baustoffschichten	in $m^2 \cdot K/W$

Tabelle 2: Wärmedurchlasswiderstände R ruhender Luftschichten in $m^2 \cdot K/W$, Dicke d in mm

Wärmestrom	d	5	7	10	15	25	50
aufwärts ↑		0,11	0,13	0,15	0,16	0,16	0,16
horiontal ↔		0,11	0,13	0,15	0,17	0,18	0,18
abwärts ↓		0,11	0,13	0,15	0,17	0,19	0,21

Tabelle 3: Wärmedurchlasswiderstände R_u von Dachräumen (u = unbeheizte Räume)

Beschreibung des Daches	R_u $m^2 \cdot K/W$
Ziegeldach ohne Schalung	0,06
Platten- oder Ziegeldach mit Schalung	0,2
Dach mit Schalung oder Pappe, auch mit Aluminiumfläche	0,3

Tabelle 4: Wärmeübergangswiderstände R_s

Wärmestromrichtung	aufwärts	horizontal	abwärts
Innen R_{si} in m^2K/W	0,10	0,13	0,17
Außen R_{se} in m^2K/W	0,04	0,04	0,04

Wärmedurchlasswiderstand

$$R = \frac{d}{\lambda}$$

$$d = R \cdot \lambda$$

Tabelle 1: Wärmeleitfähigkeit λ von Stoffen

Baustoff	ϱ in $\frac{kg}{m^3}$	λ in $\frac{W}{(m \cdot K)}$
Mörtel, Estrich, Putze		
Kalkmörtel, Kalkzementmörtel	1800	0,87
Zementestrich, Zementputz	2000	1,40
Kalkgipsmörtel, Gipsmörtel	1400	0,70
Gipsputz	1200	0,35
Gussasphaltestrich, d ≥ 15 mm	2300	0,90
Beton, Bauplatten		
Normalbeton	2400	2,10
Leichtbeton (porige Zuschläge)	1200	0,59
Wandbauplatten aus Gips	1000	0,47
Gipskartonplatten	900	0,21
Mauerwerk einschl. Fugen		
Vollklinker	2000	0,96
Vollziegel, Lochziegel	1800	0,81
Vollziegel, Lochziegel,	1600	0,68
Lochziegel	1200	0,50
Kalksandstein	1600	0,79
Gasbetonblockstein	700	0,27
Hohlblockstein aus Leichtbeton	1000	0,49
Holzwerkstoffe		
Fichte, Kiefer, Tanne	600	0,13
Buche, Eiche	800	0,20
Spanpressplatten	700	0,17
Poröse Holzfaserplatten	400	0,07
Bodenbeläge, sonstige Stoffe		
PVC-, Kunststoffbeläge	1500	0,23
Teppichboden	–	0,08
Fliesen (max.)	2000	1,00
Glas	2500	0,80
Granit, Marmor	2800	3,50
Kies, Sand, Split	1800	0,70
Bitumen	1100	0,17
Kupfer	–	380
Baustahl, legiert	–	15
Aluminium	–	200
Dämmstoffe (Beispiele für Wärmeleitfähigkeitsgruppen)		
Polyurethan(PUR)-Hartschaum	020	0,020
Polystyrol(PS)-Hartschaum	030	0,030
Mineralische Faserdämmstoffe	035	0,035
Korkdämmstoffe, Korkplatten	055	0,055

Wärmedurchgangswiderstand

Einschichtige Außenwand:
$R_T = R_{si} + R_1 + R_{se}$

Einschichtige Innenwand:
$R_T = R_{si} + R_1 + R_{si}$

Mehrschichtige Außenwand:
$R_T = R_{si} + R_1 + R_2 + \ldots R_n + R_{se}$

Mehrschichtige Innenwand:
$R_T = R_{si} + R_1 + R_2 + \ldots R_n + R_{si}$

U Wärmedurchgangskoeffizient eines Bauteils in W/(m²·K)

R_T Wärmedurchgangswiderstand eines Bauteils in m²·K/W

Wärmedurchgangskoeffizient

$$U = \frac{1}{R_T}$$

Tabelle 1: *U*-Werte für Fenster und Türen

Bauteil (Erfahrungswerte)	U in $\frac{W}{m^2 \cdot K}$
Fenster aus Normalglas, Rahmen aus Holz oder Kunststoff	
Einfachverglasung	5,2
Isolierglas mit 8 mm bis 10 mm Luftzwischenraum	2,8
Isolierglas mit 10 mm bis 16 mm Luftzwischenraum	2,6
Doppelverglasung mit 20 mm bis 100 mm Scheibenabstand	2,5
Türen	
Außentüren aus Holz, Kunststoff	3,5
Außentüren aus Metall, wärmegedämmt	4,0
Außentüren aus Metall, ungedämmt	5,5
Innentüren	2,0
Bei AT mit einem Glasanteil > 50 % gelten die Fensterwerte.	

Tabelle 2: Berechnung des *U*-Wertes von Bauteilen

Nummer		Beschreibung	d	λ	R	U
Bauteil	Baustoff		m	$\frac{W}{(m \cdot K)}$	$\frac{m^2 \cdot k}{W}$	$\frac{W}{(m^2 \cdot K)}$
Nummer des Bauteils	**Bezeichnung des Bauteils**					
	Nr.	Bezeichnung der inneren laminaren Schicht			R_{si}	
	Nr.	Baustoffbezeichnung	d_1	λ_1	$R_1 = \frac{d_1}{\lambda_1}$	
	Nr.	Baustoffbezeichnung usw. bis:	d_2	λ_2	$R_2 = \frac{d_2}{\lambda_2}$	
	Nr.	Baustoffbezeichnung	d_n	λ_n	$R_n = \frac{d_n}{\lambda_n}$	
	Nr.	Bezeichnung der inneren äußeren Schicht			R_{se}	
	Gesamtdicke und *U*-Wert		Σd_i		R_T	$1/R$
Beispiel	**Außenwand**					
	61	Wärmedurchgangswiderstand, innen (horizont. Wärmestrom)			0,130	
	01	Innenputz, Kalkmörtel	0,015	0,87	0,017	
	02	Normalbeton	0,300	2,10	0,143	
	03	Außenputz, Zementmörtel	0,025	1,40	0,018	
	62	Wärmedurchgangswiderstand, innen (horizont. Wärmestrom)			0,040	
	Gesamtdicke und *U*-Wert		**0,340**		**0,348**	**2,8**

5.2 Heizlast

Überschlägige Heizlastberechnung (Verfahren A) nach Tabelle

Φ Heizlast in W

A Fläche in m²

Φ' Flächenbezogene Heizlast in W/m²

$$\Phi = A \cdot \Phi'$$

Gebäudebaujahr	Bemerkungen	Φ' in W/m²
bis 1975	Ungedämmte Häuser	130 bis 180
1976 bis 1994	Bestandsbauten	70 bis 100
ab 1995	Wärmeschutzverordnung	50 bis 70
Neubauten	Niedrigenergiehäuser	25 bis 40
	Passivhäuser	10 bis 15

5.3 Heizkörperberechnungen

Norm-Wärmeleistung des Heizkörpers $\dot{Q}_S$ in W

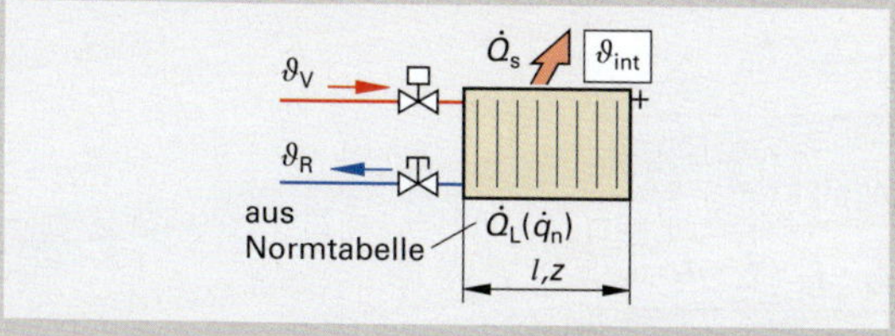

Normbedingungen: $\vartheta_V = 75\,°C$, $\vartheta_R = 65\,°C$, $\vartheta_{int} = 20\,°C$

- $\dot{Q}_S$ Norm-Wärmeleistung des Heizkörpers (HK) in W
- $\dot{Q}_L$ spez. Normwärmeleistung pro Glied/Baulänge des Heizkörpers (Herstellerunterlagen meist $\dot{q}_n$) in W/Glied bzw. W/m
- l Baulänge des Platten- oder Kompaktheizkörpers in m
- z Anzahl der Glieder bei Radiatoren

Platten- oder Kompaktheizkörper

$$\dot{Q}_S = l \cdot \dot{Q}_L = l \cdot \dot{q}_n$$

Radiatoren

$$\dot{Q}_S = z \cdot \dot{Q}_L = z \cdot \dot{q}_n$$

Übertemperatur zwischen Raum und Heizkörper

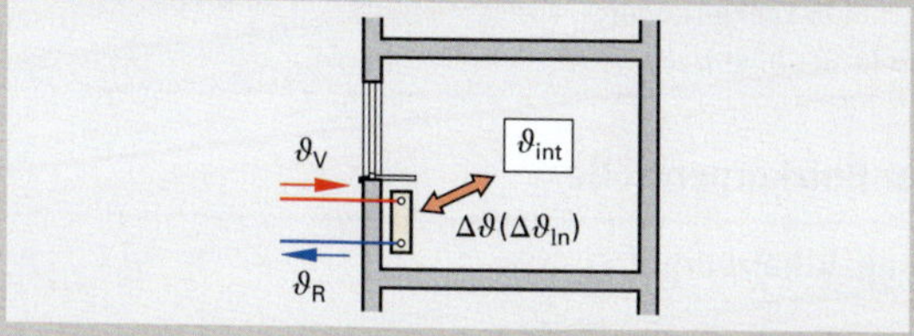

Normbedingungen s. o.: $\Delta\vartheta_{ü,n} = 50{,}00\,K$, $\Delta\vartheta_{ln,n} = 49{,}83\,K$

- $\Delta\vartheta_ü$ arithmetisch gemittelte Heizkörperübertemperatur in K
- ϑ_V Vorlauftemperatur in °C
- ϑ_R Rücklauftemperatur in °C
- ϑ_{int} Norm-Innentemperatur in °C
- ϑ_m mittlere Heizwassertemperatur in °C
- $\Delta\vartheta_{ln}$ logarithmisch gemittelte Heizkörperübertemperatur in K, wenn: $(\vartheta_R - \vartheta_{int})/(\vartheta_V - \vartheta_{int}) < 0{,}7$

Arithmetisches Mittel

$$\Delta\vartheta_ü = \frac{\vartheta_V + \vartheta_R}{2} - \vartheta_{int}$$

mit mittlerer Heizwassertemperatur: $\vartheta_m = \frac{(\vartheta_V + \vartheta_R)}{2}$

Logarithmisches Mittel

$$\Delta\vartheta_{ln} = \frac{\vartheta_V - \vartheta_R}{\ln\left(\frac{\vartheta_V - \vartheta_{int}}{\vartheta_R - \vartheta_{int}}\right)}$$

Für Norm-Niedertemperatur-Wärmeleistung gilt neue Referenztemperatur:

$\Delta\vartheta_{30} = \frac{55\,°C + 45\,°C}{2} - 20\,°C = \mathbf{30\,K}$

Umrechnungsfaktor f_u für Wärmeleistungen bei normabweichenden Betriebstemperaturen

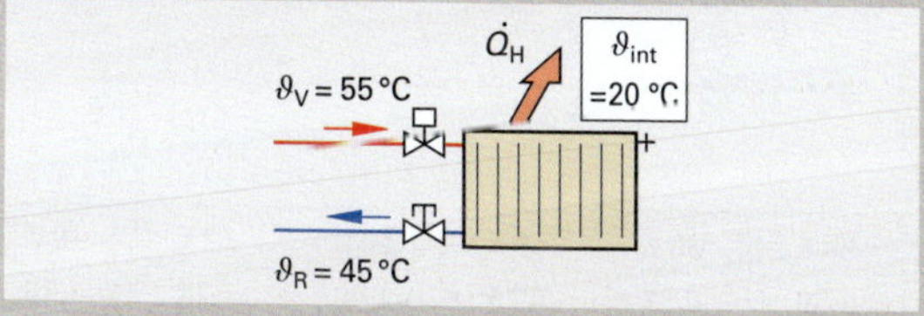

- $\dot{Q}_H$ Heizkörperleistung bei Betriebsbedingungen Φ_{HL} nach DIN EN 12 831 in W
- $\dot{Q}_S$ Norm-Wärmeleistung des Heizkörpers in W
- $\dot{Q}_{Aus}$ Leistung zur Auswahl des Heizkörpers in W
- f_u Umrechnungsfaktor
- n Heizkörperexponent (aus Herstellerunterlagen)
- $f_u < 1$: $\Delta\vartheta_Ü < 50\,K$ ergibt eine niedrigere HK-Leistung: Normwärmeleistung in Tabelle größer auswählen
- $f_u > 1$: $\Delta\vartheta_Ü > 50\,K$ ergibt eine höhere HK-Leistung: Normwärmeleistung in Tabelle kleiner auswählen

Heizkörperleistung

$$\dot{Q}_H = \Phi_{HL} = \dot{Q}_S \cdot f_u$$

Leistung zur Auswahl des Heizkörpers

$$\dot{Q}_{Aus} = \dot{Q}_S \cdot \frac{1}{f_u}$$

Umrechnungsfaktor

$$f_u = \left(\frac{\Delta\vartheta_{ln}}{\Delta\vartheta_{ln,n}}\right)^n$$

Leistungsminderung

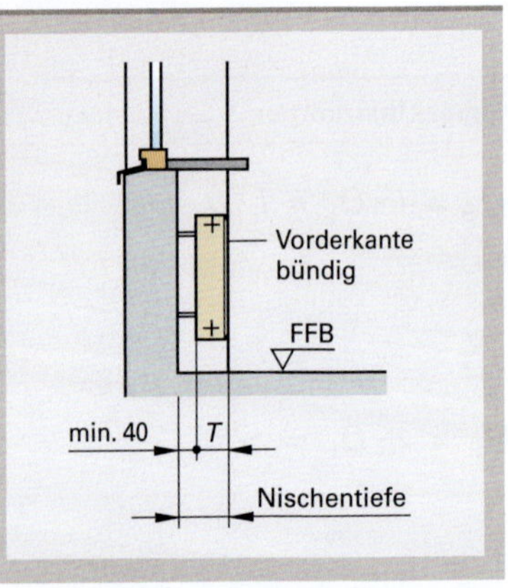

Geminderte Heizkörperleistung

$$\dot{Q}_m = \dot{Q}_L \cdot f_m$$

Gesamtminderungsfaktor

$$f_m = f_1 \cdot f_2 \cdot f_3 \cdot f_4 \cdot f_5$$

Minderungsfaktor

$$f = 1 - \frac{m}{100\,\%}$$

$\dot{Q}_m$ geminderte Heizkörperleistung in W/Glied bzw. W/m
$\dot{Q}_L$ spez. Normwärmeleistung pro Glied/Baulänge des Heizkörpers in W/Glied bzw. W/m
f_m Gesamtminderungsfaktor
f Minderungsfaktor
f_1 Minderungsfaktor bei Nischeneinbau
f_2 Minderungsfaktor bei Verkleidungen
f_3 Minderungsfaktor bei Lackierungen bis 30 % (Herstellerangaben)
f_4 Minderungsfaktor bei Baulängen über 500 mm
f_5 Minderungsfaktor für Temperaturspreizungen und Anschlussart
m Leistungsminderung in %

Tatsächliche Heizkörperleistung $\dot{Q}_H$ – Bestimmung der Heizkörpergröße

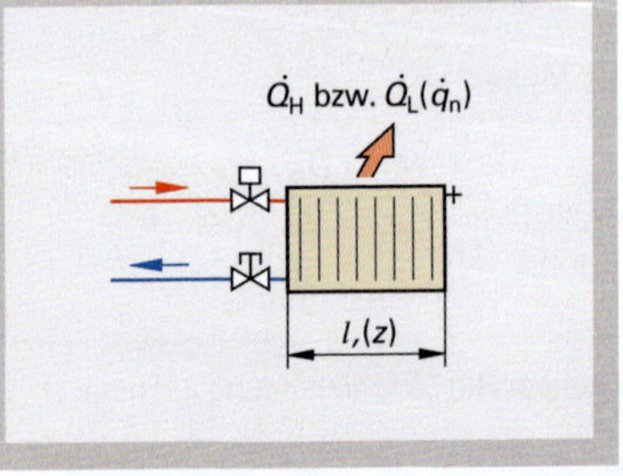

Platten- oder Kompaktheizkörper

$$\dot{Q}_H = l \cdot \dot{Q}_L \cdot f_u \cdot f_m$$

Radiatoren

$$\dot{Q}_H = z \cdot \dot{Q}_L \cdot f_u \cdot f_m$$

$\dot{Q}_H$ Heizkörperleistung bei Betriebsbedingungen in W
$\dot{Q}_L$ spez. Normwärmeleistung pro Glied/Baulänge des Heizkörpers in W/Glied bzw. W/m
z Anzahl der Glieder des Radiators
l Baulänge des Platten- oder Kompaktheizkörpers in m
f_u Umrechnungsfaktor
f_m Gesamtminderungsfaktor

Umrechnungsfaktor f_u

Hinweis:
In der Regel erfolgt die Heizkörperauswahl nach den Tabellen der Hersteller.

Bei diesen sind die Umrechnungsfaktoren bereits berücksichtigt.

$\Delta\theta$	10 K	20 K	30 K	40 K	50 K	60 K	70 K
0 K	0,11	0,30	0,51	0,75	1,00	1,28	1,56
1 K	0,13	0,32	0,54	0,77	1,03	1,30	1,59
2 K	0,15	0,34	0,56	0,80	1,05	1,32	1,61
3 K	0,16	0,36	0,58	0,82	1,08	1,35	1,64
4 K	0,18	0,39	0,61	0,85	1,11	1,39	1,67
5 K	0,20	0,41	0,63	0,87	1,14	1,41	1,69
6 K	0,22	0,43	0,65	0,90	1,16	1,43	1,72
7 K	0,24	0,45	0,68	0,93	1,19	1,47	1,75
8 K	0,26	0,47	0,70	0,95	1,22	1,49	1,79
9 K	0,28	0,49	0,72	0,97	1,25	1,52	1,82

Minderungsfaktoren

Leistungsminderung in % bei Nischeneinbau (f_1)

Bei Platten-/Fertigheizkörper bedeuten:
1. Ziffer: Anzahl der Heizplatten
2. Ziffer: Anzahl der Konvektorblechreihen

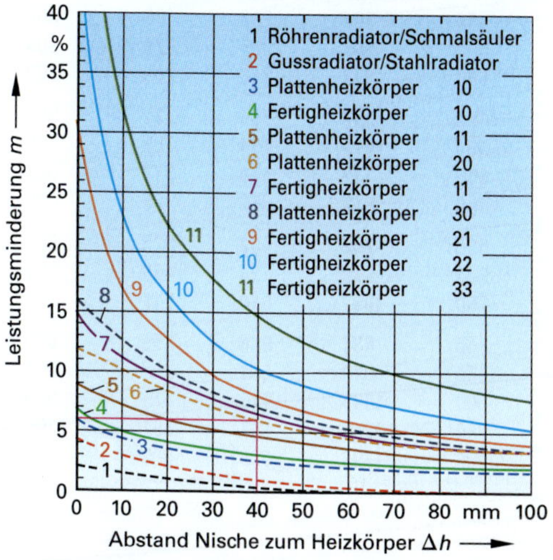

Leistungsminderungen in %

Für Verkleidungen (f_2)

Heizkörperart	%
Gliederheizkörper	4 … 8
Plattenheizkörper	
einreihig, ohne Konvektorblech	5 … 10
einreihig, mit Konvektorblech	4 … 8

Für große Baulängen (f_4)

Baulänge in mm	%
500 … 1000	1,0
1000 … 1500	1,5
1500 … 2000	2,5
2000 … 2500	3,5

Große Temperaturspreizung nach Anschlussart (f_5)

$\Delta\theta = \theta_V - \theta_R$	Vorlauf oben Rücklauf unten	Vorlauf unten Rücklauf oben
10 K	0	4
20 K	0	12
30 K	3	18
50 K	5	25

Röhrenradiator

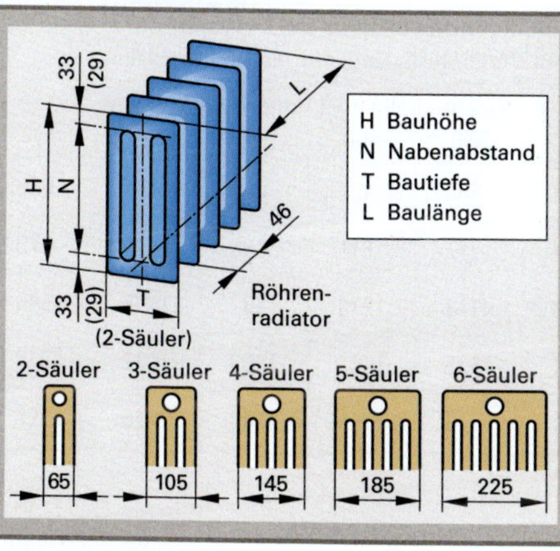

Tabelle 1: Leistung von Stahlrohrradiatoren
Leistung $\dot{q}_n$ in W/Glied, $\vartheta_V/\vartheta_R/\vartheta_i$ 75/65/20; 55/45/20

H in mm / T	2-Säuler 65 mm		3-Säuler 105 mm		4-Säuler 145 mm		5-Säuler 185 mm		6-Säuler 225 mm	
190	**14**	7	**20**	10	**26**	13	**29**	15	**32**	16
300	**22**	11	**31**	16	**40**	21	**48**	25	**57**	29
350	**25**	13	**36**	19	**47**	24	**56**	29	**66**	34
400	**28**	14	**41**	21	**52**	27	**64**	33	**75**	39
500	**37**	19	**51**	26	**65**	33	**80**	41	**94**	48
600	**44**	23	**60**	31	**77**	40	**95**	49	**113**	58
750	**55**	28	**75**	39	**95**	49	**117**	60	**137**	71
900	**67**	34	**89**	46	**112**	58	**138**	71	**163**	84
1000	**73**	38	**98**	50	**124**	64	**151**	78	**180**	93
2000	**140**	72	**189**	97	**237**	122	**282**	144	**330**	169

Flachheizkörper

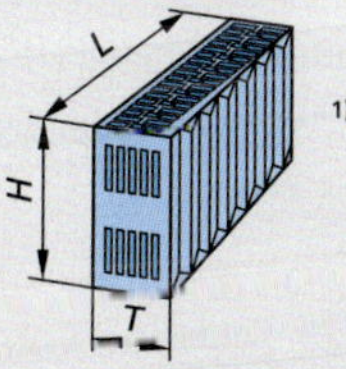

1) 1. Zahl entspricht der Plattenzahl (ein- oder zweireihig)
2. Zahl entspricht der Anzahl der Lamellen (Konvektoren)

Typ[1]	10	11	21	22	33
T in mm	46	59	100	100	155
Betriebsdruck 6 bar					

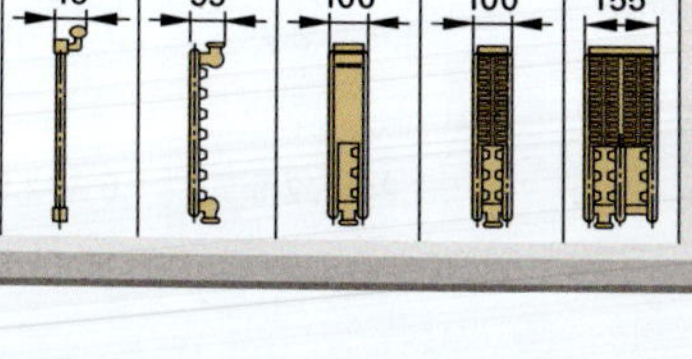

Tabelle 2: Leistung von Kompaktheizkörpern
Leistung $\dot{q}_n$ in W/m, $\vartheta_V/\vartheta_R/\vartheta_i$ 75/65/20; 55/45/20

Typ	T	H350		H500		H600		H900	
10	40	**436**	230	**586**	309	**683**	357	**978**	506
11	59	**605**	319	**808**	422	**943**	490	**1345**	692
21	100	**915**	478	**1212**	624	**1406**	724	**1961**	1009
22	100	**1102**	573	**1461**	756	**1694**	872	**2355**	1200
33	155	**1566**	806	**2124**	1088	**2461**	1260	**3315**	1689

Badheizkörper

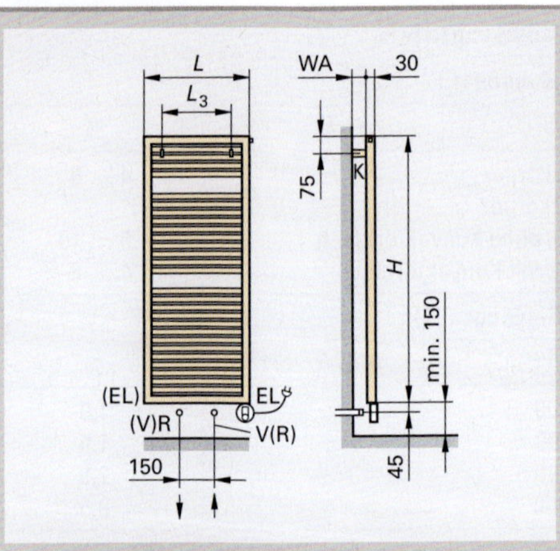

[1] EL: Anschluss Elektro-Heizpatrone, Anschluss auch seitlich/Raumteiler
WA: Wandabstand 55 …65 mm
$L_a = L - 200$ mm

Bauhöhe H mm	Baulänge L mm	Wärmeleistung $\dot{Q}_L$ nach ϑ_V/ϑ_R bei ϑ_{int} = 24 °C 75/65 W	70/55 W	55/45 W	$\dot{Q}_L$, E-Patrone $\dot{Q}$ W
763	450	**364**	258	158	300
	500	**401**	285	175	300
	600	**477**	340	209	300
1195	450	**553**	390	237	300
	500	**613**	434	265	600
	600	**735**	520	317	600
	750	**918**	652	399	600
1483	500	**752**	532	325	600
	600	**890**	684	428	600
	750	**1097**	840	511	900
1807	450	**831**	588	359	600
	500	**919**	651	397	900
	600	**1093**	776	475	900
	750	**1355**	967	597	1200
	1000	**1792**	1286	800	1200

Konvektoren

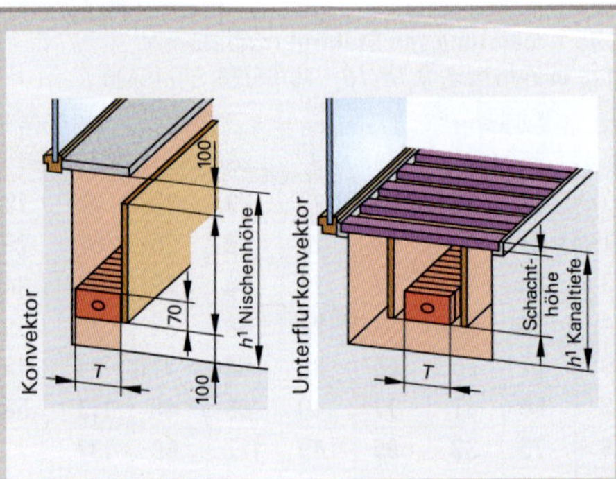

Tabelle 1: Wärmeleistung von Konvektoren
$\dot{q}_n$ in W/m, 75/65/20 °C, Bauhöhe, einlagig = 70 mm

Bautiefe T in mm	Nischenhöhe oder Kanaltiefe h_1 in mm 400	500	600	700	800	900
50	332	383	427	462	487	506
100	612	717	811	883	935	973
150	923	1113	1278	1407	1508	1580
200	1204	1435	1642	1803	1922	2010
250	1434	1715	1955	2148	2276	2398

5.4 Rohrnetzberechnung und Pumpenauswahl

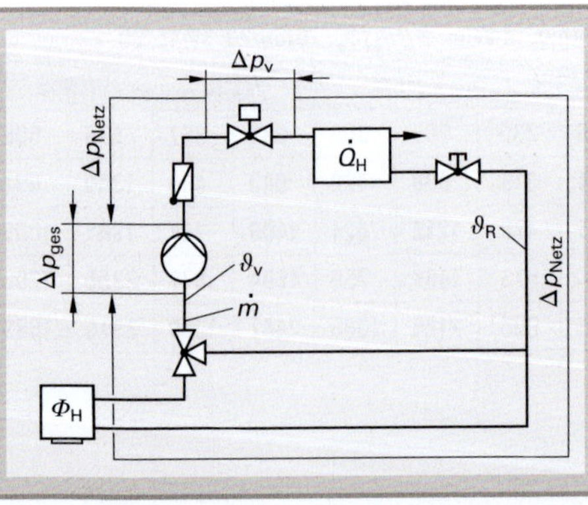

Tabelle 2: Richtwerte für Druckgefälle und Fließgeschwindigkeiten

Rohrleitungen	Druckgefälle R in mbar/m	Fließgeschwindigkeit v in m/s
innerhalb von Wohnungen und in Steigsträngen	0,4 … 1,0	0,4 … 0,7
Heizkörperanschlüsse	0,25 … 0,9	0,1 … 0,3
Verteilungsleitungen in Kellern	1,0 … 2,0	0,7 … 1,5
Verteilungsleitungen in Bürogebäuden, Gewerberäumen, Schulen	1,24 … 2,5	1,0 … 2,0

Massenstrom

$\dot{Q}_H$	Wärmeleistung	in W
$\Delta\vartheta$	Temperaturdifferenz	in K
$\dot{m}$	Massenstrom	in kg/h
c	spezifische Wärmekapazität	in Wh/(kg · K)
ϑ_V	Vorlauftemperatur	in °C
ϑ_R	Rücklauftemperatur	in °C

$$\dot{m} = \frac{\dot{Q}_H}{c \cdot \Delta\vartheta}$$

$$\dot{Q}_H = \dot{m} \cdot c \cdot \Delta\vartheta$$

$$\Delta\vartheta = \vartheta_V - \vartheta_R$$

Druckverluste im geraden Rohr

Δp_R	Druckverlust im geraden Rohr	in Pa oder mbar
R	Rohrreibungs-Druckgefälle	in Pa/m o. mbar/m
l	Rohrlänge	in m

$$\Delta p_R = R \cdot l$$

Tabelle 1: Rohrweiten für Warmwasser-Heizungen ϑ_m = 80 °C, Stahlrohre

	Mittelschwere Gewinderohre DIN 2440					Nahtlose Stahlrohre DIN 2448		
Nennw. DN	10	15	20	25	32	40	50	65
R-Wert mbar/m	Heizwasser-Massenstrom $\dot{m}$ in kg/h Strömungsgeschwindigkeit v in m/s							
0,16	40,1 0,09	78,8 0,11	179 0,14	336 0,17	720 0,20	920 0,22	1890 0,26	4340 0,32
0,18	43,0 0,10	84,1 0,12	190 0,15	359 0,18	760 0,22	980 0,24	2010 0,28	4620 0,34
0,20	45,6 0,11	88,9 0,13	201 0,16	380 0,19	810 0,22	1040 0,24	2130 0,30	4870 0,36
0,22	48,0 0,11	93,4 0,13	213 0,17	399 0,20	850 0,24	1090 0,26	2230 0,30	5140 0,38
0,24	50,4 0,12	97,9 0,14	224 0,18	419 0,20	890 0,26	1150 0,28	2330 0,32	5380 0,40
0,26	52,8 0,12	102 0,15	233 0,18	439 0,22	930 0,26	1200 0,28	2440 0,34	5600 0,42
0,28	55,5 0,13	107 0,15	244 0,19	458 0,22	960 0,28	1240 0,30	2540 0,36	5840 0,44
0,30	57,2 0,13	111 0,16	252 0,20	476 0,24	1000 0,28	1300 0,30	2630 0,36	6070 0,44
0,33	58,0 0,14	118 0,17	269 0,22	502 0,24	1060 0,30	1370 0,32	2780 0,38	6370 0,46
0,36	63,2 0,15	124 0,18	282 0,22	527 0,26	1110 0,32	1440 0,34	2910 0,40	6670 0,50
0,40	67,1 0,16	131 0,19	298 0,24	553 0,28	1170 0,34	1520 0,36	3070 0,42	7060 0,50
0,45	71,6 0,17	140 0,20	319 0,24	592 0,30	1250 0,36	1610 0,38	3260 0,46	7500 0,55
0,50	76,0 0,18	149 0,22	335 0,26	624 0,30	1320 0,38	1700 0,40	3450 0,48	7940 0,60
0,60	84,6 0,20	164 0,24	372 0,30	689 0,34	1460 0,42	1880 0,44	3790 0,55	8770 0,65
0,70	91,4 0,22	179 0,26	404 0,32	749 0,36	1590 0,44	2040 0,48	4100 0,55	9520 0,70
0,80	98,7 0,24	192 0,28	432 0,34	810 0,40	1700 0,48	2200 0,50	4420 0,60	10200 0,75
0,90	105 0,24	205 0,30	461 0,36	863 0,42	1820 0,50	2330 0,55	4720 0,65	10900 0,80
1,00	111 0,26	218 0,32	489 0,38	913 0,44	1920 0,55	2460 0,60	4990 0,70	11500 0,85
1,20	123 0,28	240 0,34	541 0,452	1007 0,50	2110 0,60	2710 0,65	5490 0,75	12600 0,95
1,40	133 0,32	260 0,38	588 0,46	1086 0,55	2290 0,65	2940 0,70	5950 0,85	13600 1,0
1,60	142 0,34	280 0,40	631 0,50	1167 0,60	2450 0,70	3160 0,75	6380 0,90	14600 1,1
1,80	152 0,36	298 0,42	669 0,50	1238 0,60	2620 0,75	3360 0,80	6770 0,95	15500 1,1
2,00	161 0,38	317 0,46	709 0,55	1309 0,65	2770 0,80	3550 0,85	7160 1,0	16400 1,2

Tabelle 2: Rohrweiten für Heizungsanlagen ϑ_m = 80 °C, Kupferrohre EN 1057

Cu in mm	12 X 1	15 X 1	18 X 1	22 X 1	28 X 1,5	35 X 1,5
R-Wert mbar/m	Heizwasser-Massenstrom $\dot{m}$ in kg/h Strömungsgeschwindigkeit v in m/s					
0,22	28 0,10	57 0,12	100 0,14	184 0,17	338 0,20	660 0,24
0,24	29 0,11	60 0,13	105 0,15	194 0,18	355 0,21	700 0,25
0,26	30 0,11	63 0,13	110 0,16	203 0,18	371 0,22	730 0,26
0,28	31 0,11	66 0,14	115 0,16	212 0,19	390 0,23	760 0,27
0,30	33 0,12	68 0,15	120 0,17	220 0,20	404 0,24	790 0,28
0,33	25 0,13	72 0,15	127 0,18	233 0,21	427 0,25	830 0,30
0,36	37 0,13	76 0,16	133 0,18	244 0,22	450 0,26	870 0,31
0,40	39 0,14	80 0,17	141 0,20	259 0,24	476 0,27	930 0,33
0,45	42 0,15	86 0,18	151 0,21	277 0,25	508 0,30	990 0,35
0,50	44 0,16	92 0,20	161 0,23	294 0,27	540 0,31	1050 0,37
0,60	49 0,18	102 0,22	179 0,25	328 0,30	600 0,35	1170 0,41
0,70	54 0,20	111 0,24	195 0,28	357 0,33	652 0,38	1270 0,45
0,80	58 0,21	120 0,26	211 0,30	385 0,35	703 0,41	1370 0,49
0,90	62 0,23	129 0,27	225 0,32	412 0,38	753 0,44	1460 0,52
1,00	66 0,24	137 0,29	239 0,34	437 0,40	800 0,47	1550 0,55
1,20	74 0,27	151 0,32	266 0,38	485 0,44	885 0,52	1720 0,61
1,40	80 0,29	166 0,35	290 0,41	529 0,48	966 0,56	1880 0,67
1,60	87 0,32	179 0,38	312 0,44	571 0,52	1040 0,61	2020 0,71
1,80	93 0,34	191 0,41	334 0,48	610 0,56	1110 0,65	2160 0,77
2,00	99 0,36	203 0,43	355 0,50	647 0,59	1180 0,69	2290 0,81

Einzelwiderstände

Z	Druckverlust durch Einzelwiderstände	in Pa oder mbar
ζ	Widerstandsbeiwert	ohne Einheit
v	Fließgeschwindigkeit	in m/s
ϱ	Dichte des Heizmediums	in kg/m³
Z	Druckverlust durch Einzelwiderstände	in mbar
ζ	Widerstandsbeiwert	ohne Einheit
Z_1	Druckverlust für $\zeta = 1$	in mbar

$$Z = \sum \zeta \cdot \frac{\varrho \cdot v^2}{2}$$

oder über

$$Z = \sum \zeta \cdot Z_1$$

Tabelle 1: Druckverluste Z_1 bei Warmwasser von 80 °C und ϱ = 972 kg/m³

v in m/s	Z_1 in mbar	v in m/s	Z_1 in mbar
0,10	0,05	0,42	0,86
0,11	0,06	0,44	0,94
0,12	0,07	0,46	1,03
0,13	0,08	0,48	1,12
0,14	0,10	0,50	1,22
0,15	0,11	0,55	1,47
0,16	0,12	0,60	1,75
0,17	0,14	0,65	2,05
0,18	0,16	0,70	2,38
0,19	0,18	0,75	2,73
0,20	0,19	0,80	3,11
0,22	0,24	0,85	3,51
0,24	0,28	0,90	3,94
0,26	0,33	0,95	4,39
0,28	0,38	1,0	4,86
0,30	0,44	1,1	5,88
0,32	0,50	1,2	7,00
0,34	0,56	1,3	8,21
0,36	0,63	1,4	9,53
0,38	0,70	1,5	10,94
0,40	0,78		

Tabelle 2: Zusammenstellung der Widerstandsbeiwerte Ω

Nr.	Einzelwiderstände		Symbole	Widerstandsbeiwert Ω
1	Etagenbogen, Ausbiegestück			0,5
2	Richtungsänderung			0,5
3	T-Abzweig Trennung		0,0 1,5	1,5
4	T-Abzweig Durchgang		0,0 0,5	0,5
5	T-Vereinigung Trennung		0,0 1,0	1,0
6	T-Vereinigung Durchgang		0,0 0,5	0,5
7	T-Gegenlauf Trennung		3,0 3,0	3,0
8	T-Gegenlauf Vereinigung		3,0 3,0	3,0
9	Verteiler/		0,5 1,0	0,5
	Sammler			1,0
10	Schmutzfänger	DN 10/15		6,0
		DN 20/25		5,0
		DN 32/40		4,0
11	Absperrschieber	DN 10/15		1,0
		DN 20/25		0,5
		DN 32/40		0,3
12	Ventil – Gradsitz	DN 10/15		10,0
		DN 20/25		7,0
		DN 32/40		5,0
13	Ventil – Schrägsitz	DN 10/15		3,5
		DN 20/25		3,0
		DN 32/40		2,5
14	Hahn	DN 10/15		1,0
		DN 20/25		0,5
		≥ DN 32		0,3
15	Rückschlagklappe	DN 10/15		7,5
		DN 20/25		7,0
		DN 32/40		6,5
16	Heizkörper			2,5
17	Rücklauf-Verschr. absperrbar	DN 10/15		4,0
		DN 20/25		2,0
18	Heizkessel			2,5
19	Überbogen			1,0

Druckverluste bei Zweirohrheizungen

Δp	Druckverlust in der Anlage	in mbar
l	Leitungslänge	in m
R	Rohrreibungsdruckgefälle	in mbar/m
Z	Einzelwiderstände	in mbar

$$\Delta p = \sum (R \cdot l + Z)$$

Druckverluste in Thermostatventilen und Mischern

Δp_v	Druckverlust in der Armatur	in bar
k_v	Kennwert der Armatur	in m^3/h
$\dot{m}$	Massenstrom	in kg/h
p_{amb}	atmosphärischer Druck 1,0 bar	
$\dot{V}$	Volumenstrom	in m^3/h

$$\Delta p_v = \left(\frac{\dot{V}}{k_v}\right)^2 \cdot p_{amb}$$

$$k_v = \frac{\dot{V}}{\sqrt{\frac{\Delta p_v}{p_{amb}}}}$$

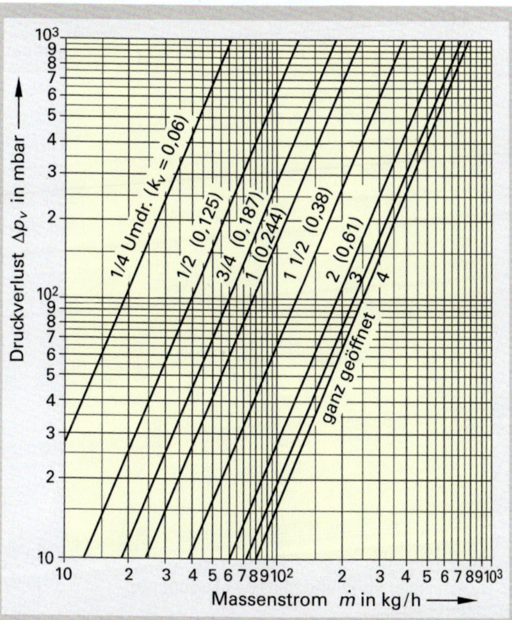

Bild 1: Druckverlust für Thermostatventile und Rücklaufverschraubungen DN 10 und DN 15

Damit die Mischer über ein gutes Regelverhalten innerhalb der Heizungsanlage verfügen, muss wie bei Thermostatventilen eine bestimmte Ventil- oder Klappenautorität (a) eingehalten werden.

Mischventile $a = 0{,}2$ bis $0{,}5$
Mischklappen $a = 0{,}1$ bis $0{,}3$

Tabelle 1: k_{Vs}-Werte bei Mischer

Nennweite DN	Dreiwegemischer k_{Vs} in m^3/h	Vierwegemischer k_{Vs} in m^3/h
15	4,0	–
20	6,3	5,6
25	10,0	8,5
32	16,0	14,0
40	25,0	22,0

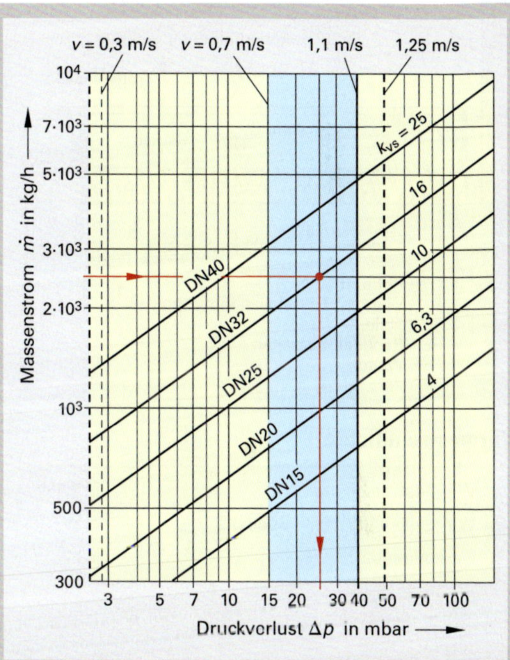

Bild 2: Auswahl für 3-Wege-Mischventile und Mischklappen

Ventilautorität *a*

Δp_V	Druckverlust im Ventil	in mbar
Δp_A	Druckverlust im Regelkreis	in mbar
a	Ventilautorität	ohne Einheit

Thermostatventile a = 0,3 bis 0,7
Mischventile a = 0,2 bis 0,5
Mischklappen a = 0,1 bis 0,3

$$\Delta p_V = a \cdot \Delta p_A$$

$$a = \frac{\Delta p_A}{\Delta p_V}$$

$$\Delta p_A = \frac{\Delta p_V}{a}$$

Rohrnetzauslegung und Pumpendruck

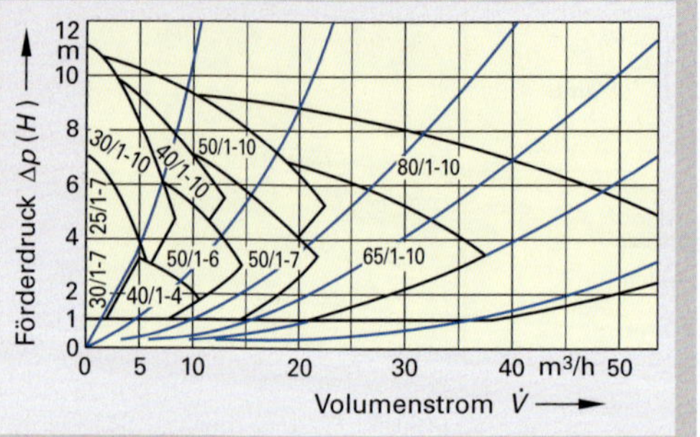

Pumpenauswahlübersicht

$$\Delta p_P \geq \Delta p_{Rohrn.}$$

oder

$$\Delta p_P \geq \sum \cdot (R \cdot l + Z)$$

Δp_P	Förderdruck der Pumpe	in mbar
$\Delta p_{Rohrn.}$	Druckverlust im Rohrnetz	in mbar

5.5 Fußbodenheizung

Wärmeleistung

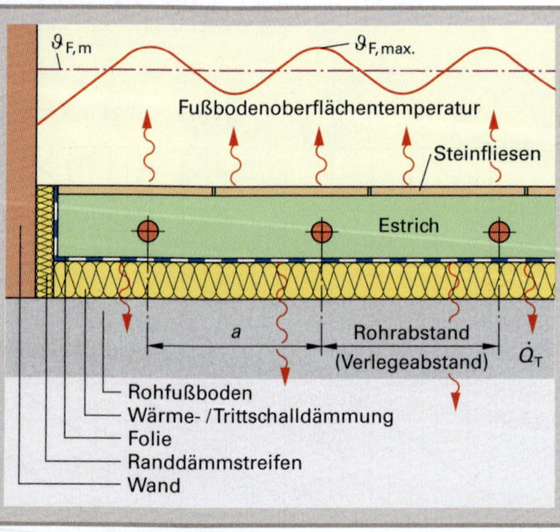

$$\dot{Q}_{HL'} = \dot{Q}_{HL} - \dot{Q}_T$$

$\dot{Q}_{HL}$	Norm-Heizlast	in W
$\dot{Q}_T$	Transmissionswärmebedarf des Fußbodens	in W
$\dot{Q}_{HL'}$	bereinigter Wärmebedarf	in W

Wärmestromdichte

$\dot{q}_F$	Wärmestromdichte	in W/m²
$\dot{Q}_F$	Wärmeleistung des Fußbodens	in W
A_F	Fußbodenoberfläche	in m²

$$\dot{q}_F = \frac{\dot{Q}_F}{A_F}$$

$$A_F = \frac{\dot{Q}_F}{\dot{q}_F}$$

$$\dot{Q}_F = A_F \cdot \dot{q}_F$$

Fußboden-Oberflächentemperatur

ϑ_m	mittlere Heizwassertemperatur	in °C
ϑ_{int}	Raumtemperatur	in °C
$\Delta\vartheta_{üm}$	mittlere Heizwasserübertemperatur	in K

$$\vartheta_m = \vartheta_{int} + \Delta\vartheta_{üm}$$

Aufenthaltsbereich (Bewegungsflächen)	$\vartheta_{F,max} \leq 29$ °C
Bäder, Duschen	$\vartheta_{F,max} \leq 33$ °C
Randzonen	$\vartheta_{F,max} \leq 35$ °C

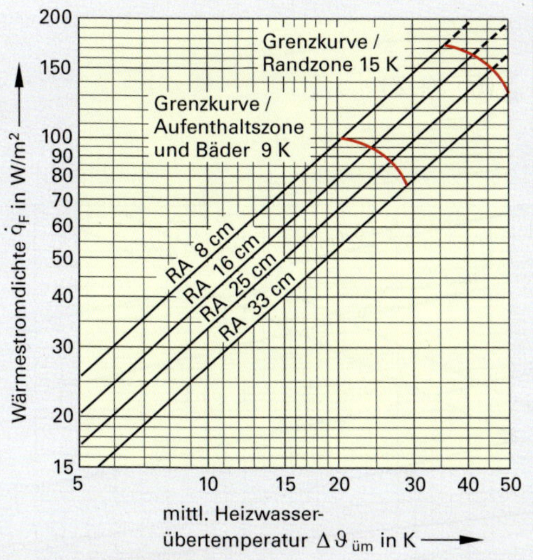

Bild 1: Heizwasserübertemperatur bei $R_{\lambda,B}$ = 0,05 m² · K/W

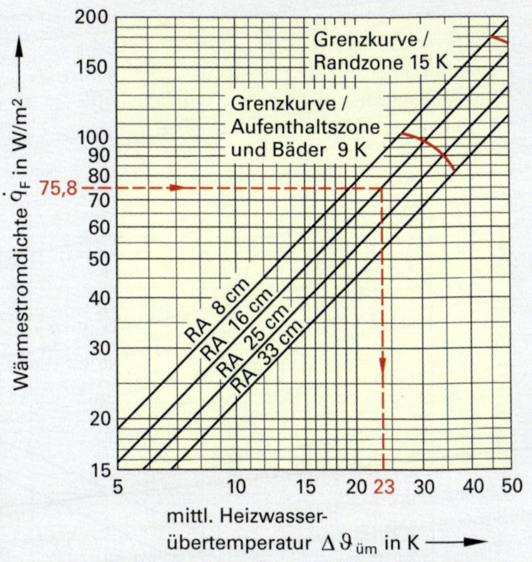

Bild 2: Heizwasserübertemperatur bei $R_{\lambda,B}$ = 0,1 m² · K/W

Die mittlere Fußbodenoberflächentemperatur lässt sich auch über Diagramme der Hersteller ermitteln.

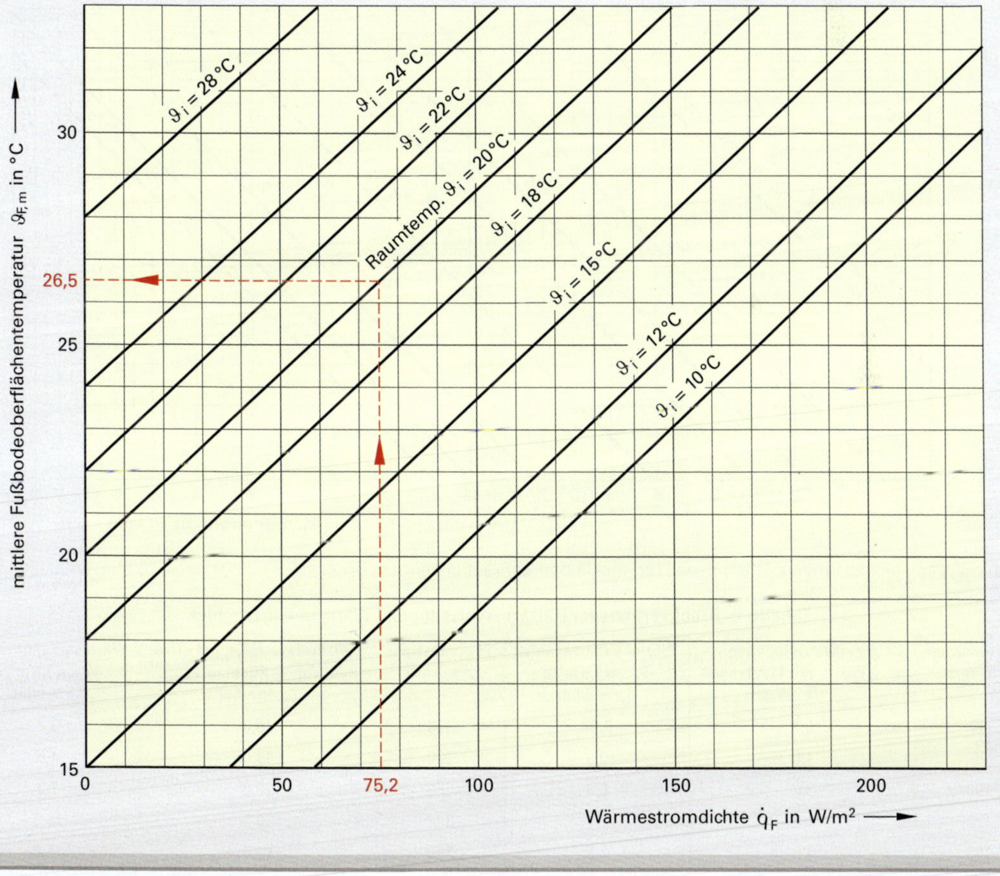

Druckverlust und Pumpenauslegung

Δp	Druckverlust in der Anlage	in mbar
l	Leitungslänge	in m
R	Rohrreibungsdruckgefälle	in mbar/m
Z	Einzelwiderstände	in mbar

$$\Delta p = \sum(R \cdot l + Z)$$

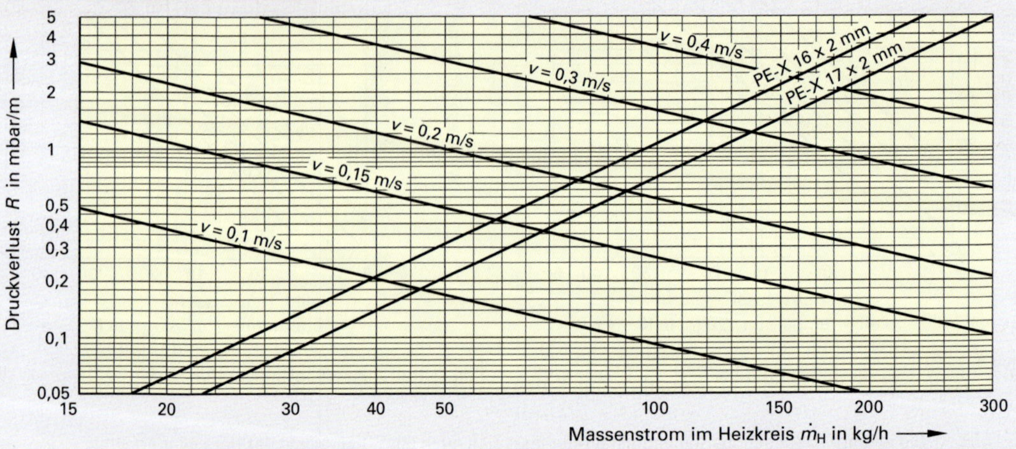

Bild 1: Druckverluste für Rohre

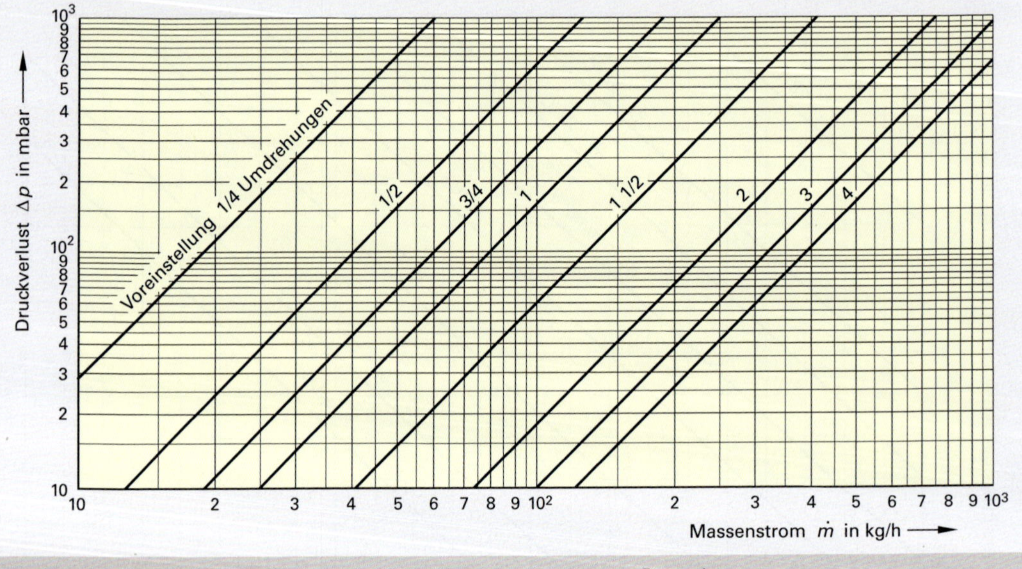

Bild 2: Voreinstellung für Ventile DN 15 und für Rücklaufverschraubungen zum Drosseln

Tabelle 1: Druckverluste für Heizkreisverteiler und Wärmemengenzähler

Massenstrom $\dot{m}$ in kg/h	Heizkreisverteiler mit offenem Vor- u. Rücklaufventil Δp in mbar	Wärmemengenzähler $V_{max} = 1{,}5\ m^3/h$ Δp in mbar	Massenstrom $\dot{m}$ in kg/h	Heizkreisverteiler mit offenem Vor- u. Rücklaufventil Δp in mbar	Wärmemengenzähler $V_{max} = 1{,}5\ m^3/h$ Δp in mbar
50	0,7	0,08	170	10,0	3,3
70	1,6	0,3	200	13,0	4,6
100	3,2	0,8	250	20,0	7,2
120	4,5	1,7	300	30,0	10,0
150	7,0	2,5	350	40,0	14,0

5.6 Druckausdehnungsgefäß (MAG) und Sicherheitsventil

Wasserinhalt der Heizungsanlage

MAG Membran-Druckausdehnungsgefäß, Betriebszustände
SV Sicherheitsventil

d_{10} bis d_{40} bestimmte Leitungsbenennungen nach DIN 4751

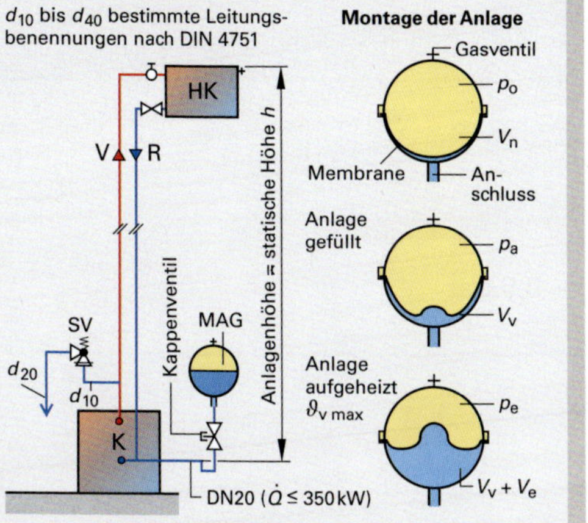

$$V_A = \dot{Q} \cdot V_A'$$

Tabelle 1: Spezifisches Wasservolumen von Heizungsanlagen, bezogen auf die Wärmeleistung

Heizflächenart	V_A' in l/kW
Radiatoren	15
Kompaktheizkörper	9
Konvektoren	7
Fußbodenheizungen	20

V_A Gesamtwasserinhalt der Anlage in l
V_A' spezifischer Wasserinhalt in l/kW
$\dot{Q}$ installierte Heizkörperleistung in kW

Heizwasserausdehnung

V_e Ausdehnungsvolumen in l
V_A Wasserinhalt der Heizungsanlage in l
n Ausdehnungsfaktor

$$V_e = n \cdot V_A$$

Tabelle 2: Ausdehnungsfaktoren n

ϑ_{Vmax} in °C	n	ϑ_{Vmax} in °C	n
40	0,0075	75	0,0256
50	0,0118	80	0,0289
55	0,0142	90	0,0358
60	0,0168	110	0,0516
70	0,0225	120	0,0603

Wasservorlage

V_V Wasservorlage in l
V_A Wasservolumen der Anlage in l
V_n Gesamtvolumen des Ausdehnungsgefäßes in l

$$V_V = \frac{V_n \cdot 20}{100} \quad \text{wenn } V_n \leq 15\ \text{l}$$

$$V_V = \frac{V_A \cdot 0{,}5}{100} \quad \text{wenn } V_n > 15\ \text{l}\ (V_{V\,min} = 3\ \text{l})$$

Vordruck

p_0 Vordruck in bar
p_{st} statischer Druck in bar
p_D Dampfdruck in bar

$$p_0 = p_{st} + p_D$$

Tabelle 3: Vordruck $p_0 = p_{st}$ bei $\vartheta_V \leq 100$ °C

Anlagenhöhe h in m	Vordruck p_0 in bar
bis 5	0,5
von 5 bis 10	1,0
von 10 bis 15	1,5

Tabelle 4: Dampfdruck p_D bei $\vartheta_V > 100$ °C

Vorlauftemp. ϑ_V in °C	Dampfdruck p_D in bar
bis 100	0
von 100 bis 110	0,5
von 110 bis 120	1,0

Fülldruck

p_a	Fülldruck der Anlage	in bar
p_0	Vordruck im MAG	in bar
p_{amb}	Luftdruck	in bar
V_n	Nennvolumen des MAG	in l
V_V	Wasservorlage im MAG	in l

$$p_a = \frac{V_n \cdot (p_0 + 1\, p_{amb})}{V_n - V_V} - 1\, p_{amb}$$

Enddruck

p_e	Enddruck im MAG	in bar
p_{SV}	Ansprechdruck des Sicherheitsventils	in bar

$$p_e = p_{SV} - 0{,}5\text{ bar}$$

Größenbestimmung

V_n	Mindestnennvolumen des MAG	in l
V_e	Ausdehnungsvolumen	in l
V_V	Wasservorlage	in l
p_0	Vordruck	in bar
p_e	Enddruck	in bar
p_{amb}	Luftdruck	in bar (1 bar)

$$V_n = (V_e + V_V) \cdot \frac{p_e + 1\, p_{amb}}{p_e - p_0}$$

Tabelle 1: Inhalt und Abmessungen von MAG (Herstellerangaben)

Gesamtinhalt [l]	8	12	18	25	35	50	80	100	150	200	300	400	500
Durchmesser [mm]	245	286	328	358	396	437	519	484	484	484	600	790	790
Höhe [mm]	304	336	328	380	439	495	551	780	1024	1300	1153	1180	1335

Tabelle 2: Gefäßgröße V_N nach Anlageninhalt V_A und Fülldruck $p_{a,min}$

Vordruck [bar]	0,5	1	1,5	0,5	1	1,5	1,8
p_{SV} **[bar]**	2,5			3,0			
V_N **[l]**	V_A [l], $p_{a,min}$ [bar]						
8	110/1,1	48/1,6	–	130/1,1	80/1,7	31/2,2	–
12	160/1,1	70/1,6	–	200/1,1	120/1,7	46/2,2	–
18	270/1,0	130/1,5	–	330/1,0	210/1,6	95/2,1	27/2,4
25	420/0,9	240/1,3	50/1,8	500/0,9	340/1,4	180/1,9	90/2,3
35	640/0,9	390/1,3	130/1,8	730/0,9	540/1,4	310/1,9	180/2,2
50	910/0,9	610/1,3	220/1,8	1040/0,9	780/1,4	500/1,9	310/2,2
80	1460/0,9	970/1,3	360/1,8	1670/0,9	1250/1,4	830/1,9	560/2,2
100	1830/0,9	1210/1,3	450/1,8	2080/0,9	1570/1,4	1040/1,9	690/2,2

Auswahl
Anlageninhalt:
V_A = 800 l

Fülldruck:
$p_{a,min}$ = 1,3 bar

Gefäßgröße:
V_N = 80 l

5.7 Öldurchsatz und Auswahl von Brennerdüsen

Öldurchsatz bei Brennerdüsen

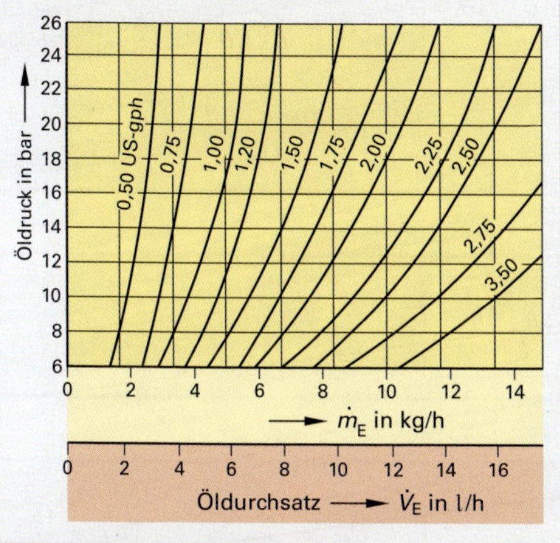

$\dot{V}_E$ Öldurchsatz in l/h
$\dot{Q}_{NB}$ Nennbelastung in kW
H_i Heizwert in kWh/l
$\dot{Q}_{NL}$ Nennleistung in kW
η_K Kesselwirkungsgrad als Dezimalzahl
$\dot{m}_E$ Öldurchsatz in kg/h

$$\dot{V}_E = \frac{\dot{Q}_{NL}}{\eta_K \cdot H_i}$$

$$\dot{Q}_{NL} = \dot{V}_E \cdot \eta_K \cdot H_i$$

$$\dot{m}_E = \frac{\dot{Q}_{NB}}{H_i}$$

$$\dot{Q}_{NB} = \dot{m}_E \cdot H_i$$

$$H_i = \frac{\dot{Q}_{NB}}{\dot{m}_E}$$

Tabelle 1: Nenndurchsatz von Ölzerstäubungsdüsen (Herstellerangaben)

Druck in bar											
7	**7**	**8**	**10**	**12**	**14**	**7**	**7**	**8**	**10**	**12**	**14**
gal/h	**kg/h**					**gal/h**	**kg/h**				
0,32	1,22	1,30	1,46	1,60	1,73	0,82	3,11	3,32	3,72	4,07	4,40
0,36	1,38	1,48	1,65	1,81	1,95	0,94	3,54	3,78	4,23	4,63	5,01
0,41	1,56	1,67	1,86	2,04	2,21	0,98	3,72	3,98	4,45	4,87	5,26
0,46	1,76	1,88	2,10	2,30	2,49	1,04	3,94	4,21	4,71	5,16	5,57
0,52	1,98	2,12	2,37	2,59	2,80	1,14	4,32	4,62	5,16	5,66	6,11
0,59	2,23	2,38	2,67	2,92	3,15	1,29	4,88	5,22	5,83	6,39	6,90
0,65	2,45	2,62	2,93	3,21	3,46	1,34	5,08	5,43	6,07	6,65	7,18
0,73	2,76	2,95	3,30	3,61	3,90	1,45	5,48	5,86	6,55	7,18	7,75

Bestimmung der Düsengröße

$\dot{V}_E$ Öldurchsatz in kg/h oder l/h
$\dot{V}_1$ Nenndurchsatz bei 10,0 bar in kg/h oder l/h
p_{e1} Düsendruck bei Nenndurchsatz (10 bar)
p_{e2} Düsendruck in bar

$$\dot{V}_E = \dot{V}_1 \cdot \sqrt{\frac{p_{e2}}{p_{e1}}}$$

$$p_{e2} = p_{e1} \cdot \frac{\dot{V}_E^2}{\dot{V}_1^2}$$

$$\dot{V}_1 = \dot{V}_E \cdot \sqrt{\frac{p_{e1}}{p_{e2}}}$$

5.8 Geräteleistung und Wirkungsgrad

Nennleistung

$\dot{Q}_{NL}$	Nennleistung	in W
m	Masse	in kg
c	spez. Wärmekapazität	in WH/(kg · K)
t	Zeit	in h
$\Delta\vartheta$	Temperaturdifferenz	in K

$$\dot{Q}_{NL} = \frac{m \cdot c \cdot \Delta\vartheta}{t}$$

$$m = \frac{\dot{Q}_{NL} \cdot t}{c \cdot \Delta\vartheta} \qquad \Delta\vartheta = \frac{\dot{Q}_{NL} \cdot t}{m \cdot c}$$

$$t = \frac{m \cdot c \cdot \Delta\vartheta}{\dot{Q}_{NL}}$$

Nennbelastung

$\dot{Q}_{NB}$	Nennbelastung	in W oder kW
m_{Br}	Brennstoffmenge	in kg
H_i	Heizwert	in kWh/kg³
t	Zeit	in h

$$\dot{Q}_{NB} = \frac{m_{BR} \cdot H_i}{t}$$

Wirkungsgrad

$\dot{Q}_{NL}$	Nennleistung	in W oder kW
$\dot{Q}_{NB}$	Nennbelastung	in W oder kW
η	Wirkungsgrad	

$$\eta = \frac{\dot{Q}_{NL}}{\dot{Q}_{NB}}$$

$$\dot{Q}_{NL} = \dot{Q}_{NB} \cdot \eta \qquad \dot{Q}_{NB} = \frac{\dot{Q}_{NL}}{\eta}$$

$$\eta = \frac{\dot{Q}_{NL}}{\dot{Q}_{NB}} \cdot 100\ \%$$

5.9 Brennstoffbedarf

Gebäudeheizung

B_a	Jahresbrennstoffbedarf	in kg/a oder l/a
Φ_N	Norm-Wärmebedarf	in kW
b_{VH}	Brennerlaufzeit	in h/a
H_i	Heizwert des Brennstoffes	in kWh/kg oder kWh/l
η_a	Jahresnutzungsgrad der Anlage	in %

$$B_a = \frac{\Phi_N \cdot b_{VH}}{H_i \cdot \eta_a} \qquad \Phi_N = \frac{B_a \cdot H_i \cdot \eta_a}{b_{VH}}$$

Tabelle 1: Heizwerte H_I von festen und flüssigen Brennstoffen

Brennstoff	Heizwert H_I	
	kWh/kg	kWh/l
Brennholz	4,3	–
Steinkohle	9,4	–
Zechenkoks	8,2	–
Heizöl S	11,1	10,7
Heizöl EL	11,8	10,0

Trinkwassererwärmung

$\dot{Q}_{PWH}$	Wärmebedarf für die Trinkwassererwärmung	in kWh/a
$\dot{m}_a$	Warmwasserverbrauch	in kg/a oder m³/a
c	spezifische Wärmekapazität	in kWh/(kg · K)
$\Delta\vartheta$	Temperaturdifferenz für PWH	in K

$$\dot{Q}_{PWH} = \dot{m}_a \cdot c \cdot \Delta\vartheta$$

$$B_a = \frac{\dot{Q}_{PWH}}{H_i \cdot \eta_a}$$

Jahresbrennstoffbedarf

Ba	Jahresbrennstoffbedarf	in kg/a, l/a
Ba_H	Jahresbrennstoffbedarf Heizung	in kg/a, l/a
Ba_{PWH}	Jahresbrennstoffbedarf Trinkwassererwärmung	in kg/a, l/a

$$Ba = Ba_H + Ba_{PWH}$$

5 Heizungstechnik

6 Klimatechnik

6.1 Außenluft

Außenluft nach dem Mindestaußenluftstrom

$\dot{V}_{AUL}$	Außenluftstrom	in m³/h
$\dot{V}_{AUL\,min}$	Mindestaußenluftstrom	in m³/(h · P)
n	Personenzahl	in P

$$\dot{V}_{AUL} = \dot{V}_{AUL\,min} \cdot n$$

$$\dot{V}_{AUL\,min} = \frac{\dot{V}_{AUL}}{n}$$

$$n = \frac{\dot{V}_{AUL}}{\dot{V}_{AUL\,min}}$$

Tabelle 1: Außenluftraten (DIN 1946)

Raumart	$\dot{V}_{AUL\,min}$ in m³/(h · P)
Kino, Konzert-, Theatersaal, Messehalle, Museum, Verkaufsraum, Turn- und Sporthallen mit Zuschauerraum	20
Einzelbüro, Hotelzimmer, Hörsaal, Kantine, Klassenraum, Konferenzraum/-saal	30
Gaststätte	40
Großraumbüro	50

Außenluftbedarf nach der Luftwechselzahl

LW	Luftwechselzahl	in 1/h
$\dot{V}_{AUL}$	Außenluftstrom	in m³/h
V_R	Raumvolumen	in m³

$$LW = \frac{\dot{V}_{AUL}}{V_R}$$

$$\dot{V}_{AUL} = LW \cdot V_R$$

$$V_R = \frac{\dot{V}_{AUL}}{LW}$$

Tabelle 2: Luftwechselzahl *LW*

Art des Raumes	*LW* in 1/h	Art des Raumes	*LW* in 1/h
Arbeitsräume	3 … 7	Hörsäle	6 … 8
Büro, privat	3 … 7	Krankenhaus	2 … 5
Fabriken, klein	2 … 4	Warenhäuser	4 … 7
Geschäftsräume	5 … 7	Großküche	20 … 30

6.2 Berechnungen an Luftkanälen

Kanalabmessungen

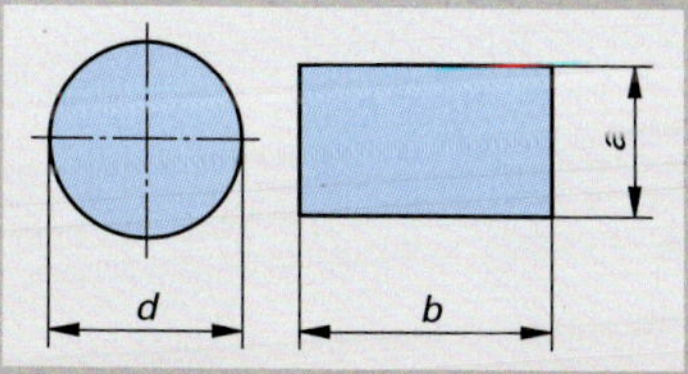

a	Kanalhöhe	in m
b	Kanalbreite	in m
d	Kanaldurchmesser	in m
A	Kanalquerschnitt	in m²

$$d = \sqrt{\frac{A}{0{,}785}}$$

$$A = 0{,}785 \cdot d^2$$

$$a = \frac{A}{b}$$

$$A = a \cdot b$$

$$b = \frac{A}{a}$$

Volumenstrom

$\dot{V}$	Volumenstrom	in m³/h
A	Kanalquerschnitt	in m²
v	Strömungsgeschwindigkeit	in m/h

$$\dot{V} = A \cdot v$$

$$A = \frac{\dot{V}}{v}$$

$$v = \frac{\dot{V}}{A}$$

Tabelle 1: Strömungsgeschwindigkeit in Luftkanälen

Streckenabschnitt	Luftgeschwindigkeit *v* in m/s	
	Industrieanlagen	Komfortanlagen
Außenluftgitterdurchlässe	4 … 6	3 … 4
Hauptkanäle	8 … 12	4 … 8
Abzweig- und Nebenkanäle	5 … 8	3 … 5
Ein- und Austrittsgitterdurchlässe für Räume	3 … 4	2 … 3

Kontinuitätsgesetz

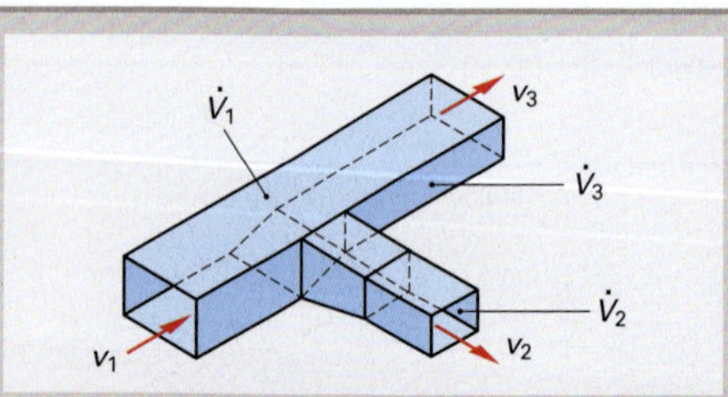

$\dot{V}$	Volumenstrom	in m³/h
A	Kanalquerschnitt	in m²
v	Strömungsgeschwindigkeit	in m/h

$$\dot{V}_1 = \dot{V}_2 + \dot{V}_3$$

$$A_1 \cdot v_1 = A_2 \cdot v_2 + A_3 \cdot v_3$$

Druckverluste in Luftkanälen

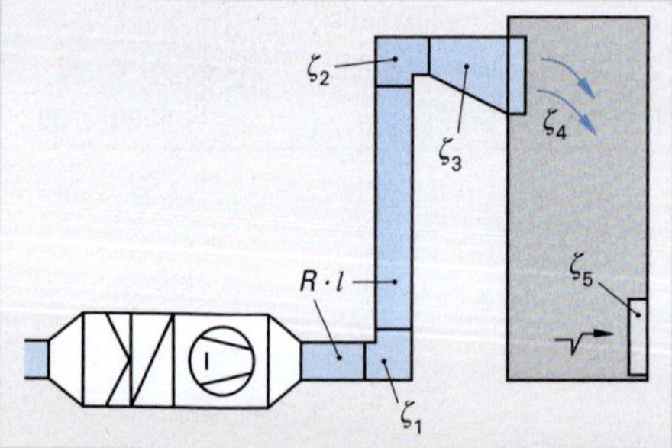

Δp	statischer Druckverlust	in Pa
R	Druckgefälle in geradem Rohr	in Pa/m
l	Kanallänge	in m
Z	Druckverlust durch Einzelwiderstände	in Pa
ϱ	Luftdichte	in kg/m³
$\sum\zeta$	Summe der Einzelwiderstände	
v	Strömungsgeschwindigkeit	in m/s

$$\Delta p = R \cdot l + Z$$

Durch Einzelwiderstände:

$$Z = \sum\zeta \cdot \frac{\varrho}{2} \cdot v^2$$

Druckgefälle für runde Rohre bei absolut glatter Innenwand

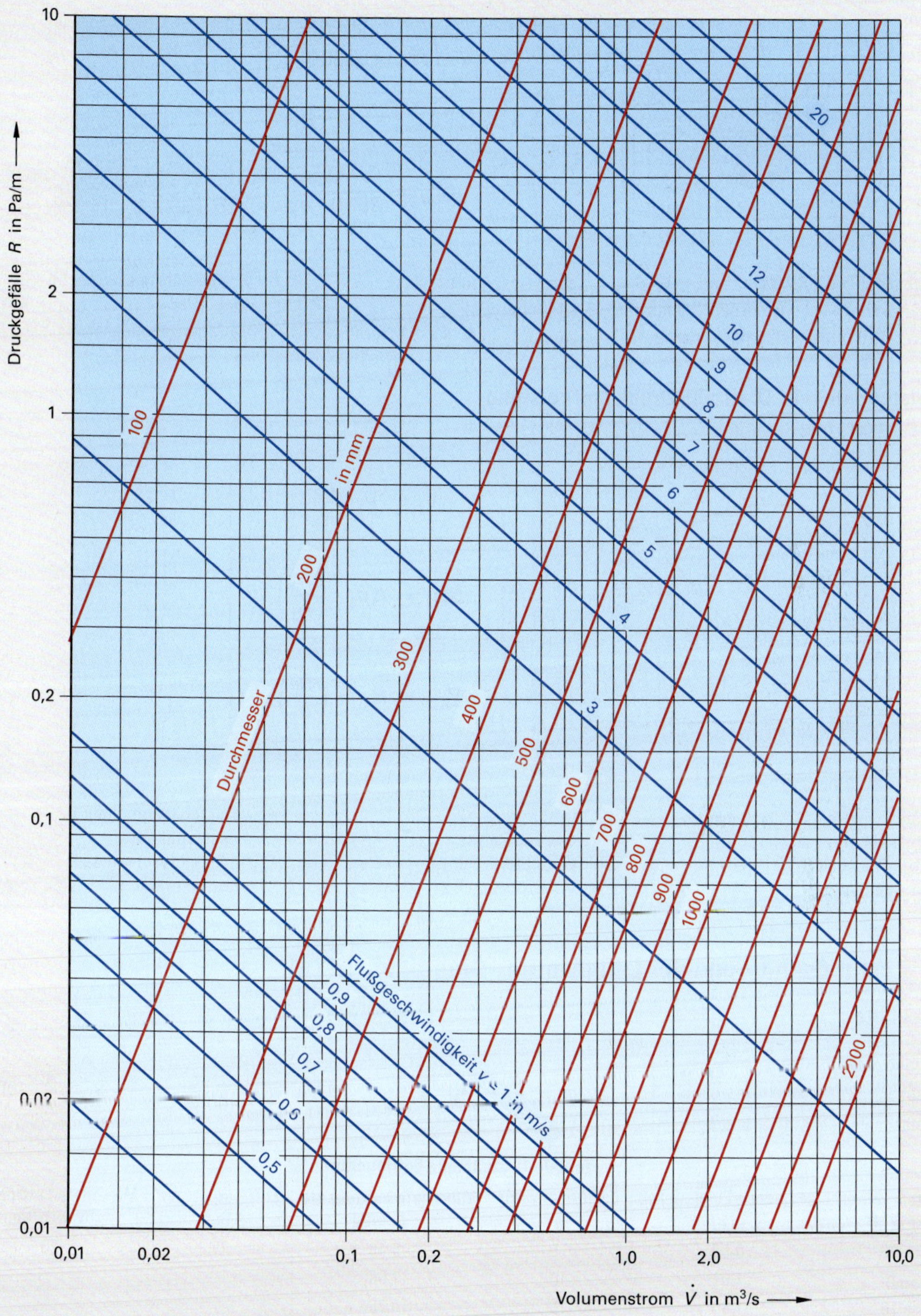

6.3 Ventilatorauswahl

Ventilatorleistung

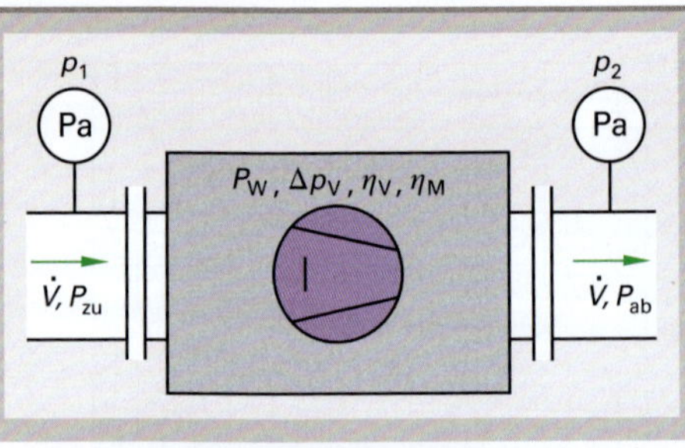

$$P_{ab} = \frac{\dot{V} \cdot \Delta p_V}{3600}$$

$$\Delta p_V = p_2 - p_1$$

$$P_w = \frac{\dot{V} \cdot \Delta p_V}{3600 \cdot \eta_V}$$

$$P_{zu} = \frac{P_W}{\eta_V}$$

$$\dot{V} = \frac{P_w \cdot \eta_V \cdot 3600}{\Delta p_V}$$

P_{ab}	abgegebene Leistung	in W	Δp_V	Gesamtdruck des Ventilators	in Pa	P_{zu}	zugeführte elektrische Leistung	in W
$\dot{V}$	geförderter Volumenstrom	in m³/h	η_V	Ventilatorwirkungsgrad		η_M	Motorwirkungsgrad	
P_w	Ventilatorwellenleistung	in W						

Ventilatorkennlinie, Drehzahl, Druck und Leistung

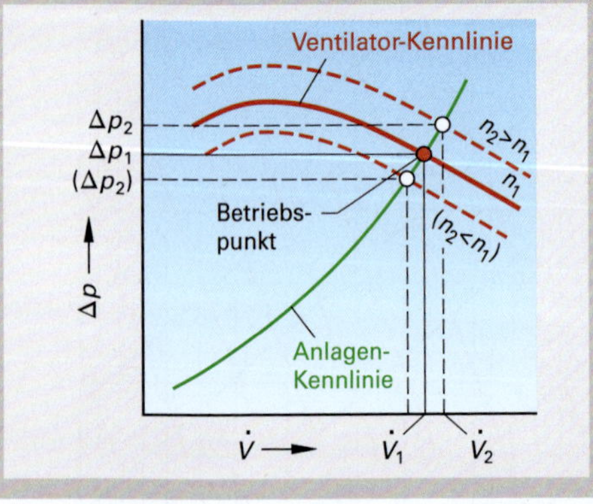

$$\dot{V}_2 = \dot{V}_1 \cdot \frac{n_2}{n_1}$$

$$\Delta p_2 = \Delta p_1 \cdot \left(\frac{n_2}{n_1}\right)^2$$

$$P_{zu2} = P_{zu1} \cdot \left(\frac{n_2}{n_1}\right)^3$$

$\dot{V}_1$	Volumenstrom 1	in m³/h	n_2	Drehfrequenz 2 des Ventilators	in 1/min	P_{zu1}	Leistungsaufnahme 1 des Ventilators	in W
$\dot{V}_2$	Volumenstrom 2	in m³/h	Δp_1	Ventilatordruck 1	in Pa	P_{zu2}	Leistungsaufnahme 2 des Ventilators	in W
n_1	Drehfrequenz 1 des Ventilators	in 1/min	Δp_2	Ventilatordruck 2	in Pa			

6.4 Zustandsänderung der Luft (Mollier-Diagramm, h – x)

Luftfeuchte

φ	relative Luftfeuchte	in %
x	absolute Feuchte	in g/kg
x_s	maximale Feuchte	in g/kg

$$\varphi = \frac{x}{x_s} \cdot 100\,\%$$

$$x = \frac{\varphi \cdot x_s}{100\,\%}$$

$$x_s = \frac{x}{\varphi} \cdot 100\,\%$$

Tabelle 1: Maximale Luftfeuchte

Lufttemperatur ϑ in °C	Maximale Luftfeuchte x_s in g/kg	Lufttemperatur ϑ in °C	Maximale Luftfeuchte x_s in g/kg	Lufttemperatur ϑ in °C	Maximale Luftfeuchte x_s in g/kg
–20	0,63	5	5,40	27	23
–15	1,01	10	7,68		
–10	1,60	15	10,76		
– 5	2,47	20	14,90		
0	3,78	25	20,40		

Luft-Massenstrom

$\dot{m}$ Luft-Massenstrom in kg/h
$\dot{V}$ Luft-Volumenstrom in m^3/h
ϱ Dichte der Luft in kg/m^3

$$\dot{m} = \dot{V} \cdot \varrho$$

$$\dot{V} = \frac{\dot{m}}{\varrho}$$

$$\varrho = \frac{\dot{m}}{\dot{V}}$$

Lufterwärmung

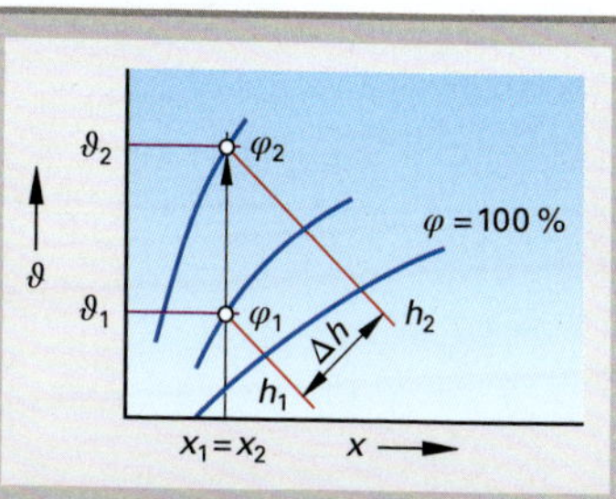

$\dot{Q}$ Wärmeleistung in W (kJ/h)
$\dot{m}_L$ Luftmassenstrom in kg/h
Δh Differenz des Wärmeinhalts vom Zustand 1 und 2 in Wh/kg (kJ/kg)

$$\dot{Q} = \dot{m}_L \cdot \Delta h$$

$$\Delta h = \frac{\dot{Q}}{\dot{m}_L}$$

$$\dot{m}_L = \frac{\dot{Q}}{\Delta h}$$

Luftkühlung

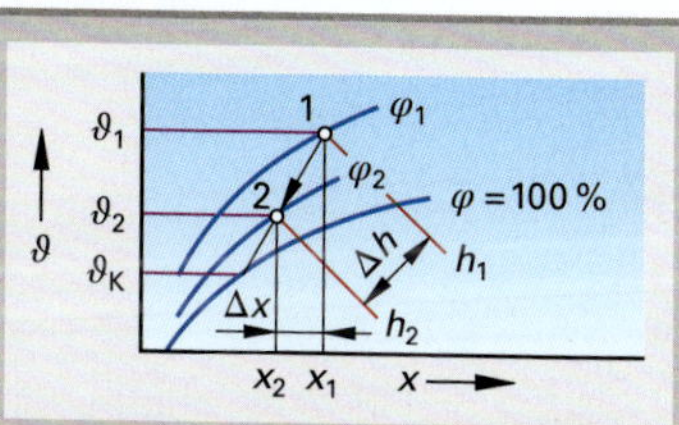

$\dot{Q}_K$ abgeführte Kühllast in W (kJ/h)
$\dot{m}_L$ Luftmassenstrom in kg/h
ϑ_1 Eintrittstemperatur in °C
ϑ_2 Austrittstemperatur in °C
h_1 Wärme im Eintritt in Wh/kg
h_2 Warme im Austritt in Wh/kg

über h, x-Diagramm:

$$\dot{Q}_K = \dot{m}_L \cdot (h_2 - h_1)$$

Luftentfeuchtung

$\dot{m}_D$ Dampfmassenstrom in kg/h
$\dot{m}_L$ Luftmassenstrom in kg/h
x_1 absolute Luftfeuchte im Eintritt in g/kg
x_2 absolute Luftfeuchte im Austritt in g/kg
Δx Differenz der absoluten Luftfeuchte in g/kg

$$\dot{m}_D = \dot{m}_L \cdot \Delta x$$

$$\Delta x = \frac{\dot{m}_D}{\dot{m}_L}$$

$$\dot{m}_L = \frac{\dot{m}_D}{\Delta x}$$

$$\Delta x = x_2 - x_1$$

Luftbefeuchtung mit Dampf

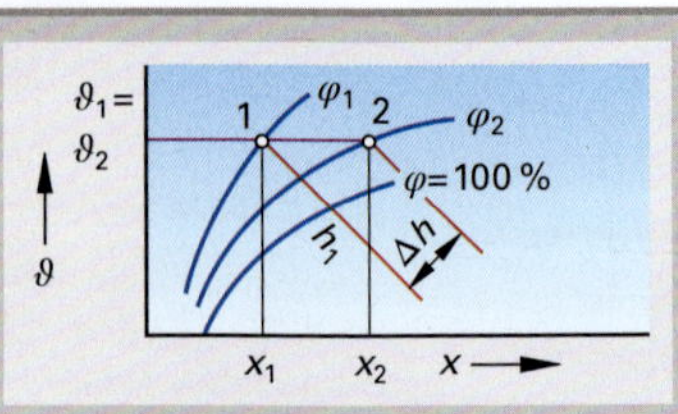

$\dot{m}_D$	Dampfmassenstrom	in kg/h
$\dot{m}_L$	Luftmassenstrom	in kg/h
x_1	absolute Luftfeuchte im Eintritt	in g/kg
x_2	absolute Luftfeuchte im Austritt	in g/kg

Temperatur bleibt konstant, zugeführte Dampfmenge:

$$\dot{m}_D = \dot{m}_L \cdot (x_2 - x_1)$$

Luftbefeuchtung mit Wasser

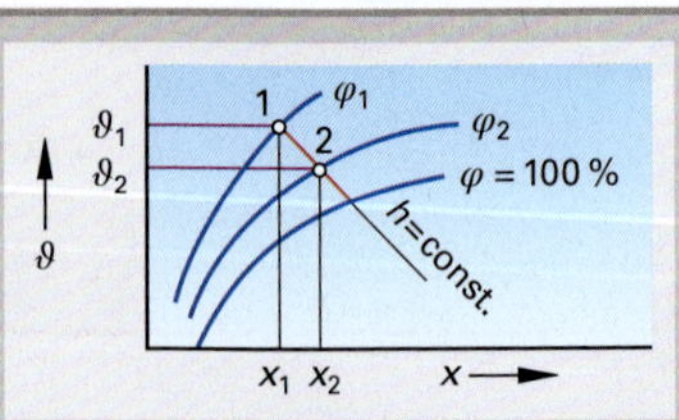

$\dot{m}_W$	Wassermassenstrom	in kg/h
$\dot{m}_L$	Luftmassenstrom	in kg/h
x_1	absolute Luftfeuchte im Eintritt	in g/kg
x_2	absolute Luftfeuchte im Austritt	in g/kg

$$\dot{m}_W = \dot{m}_L \cdot (x_2 - x_1)$$

6 Klimatechnik

Luftmischung

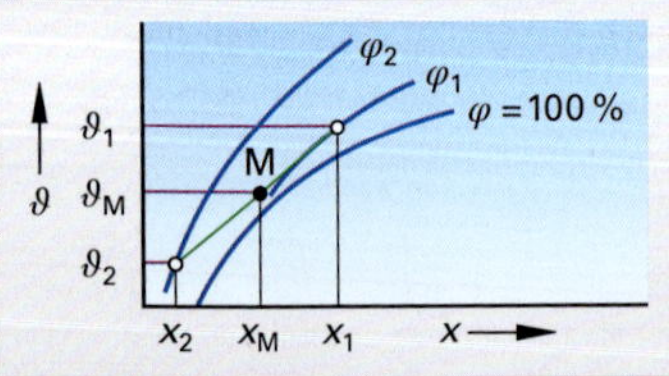

ϑ_m	Mischtemperatur	in °C
ϑ_1	hohe Temperatur	in °C
$\dot{m}_1$	Luftmassenstrom hoher Temperatur	in kg/h
ϑ_2	niedrige Temperatur	in °C
$\dot{m}_2$	Luftmassenstrom niedriger Temperatur	in kg/h

$$\vartheta_m = \frac{\dot{m}_1 \cdot \vartheta_1 + \dot{m}_2 \cdot \vartheta_2}{\dot{m}_1 + \dot{m}_2}$$

$$\dot{m}_2 = \dot{m}_1 \cdot (x_2 - x_1)$$

Zustandsgrößen und Zustandsänderungen feuchter Luft (Mollier-Diagramm, h – x)

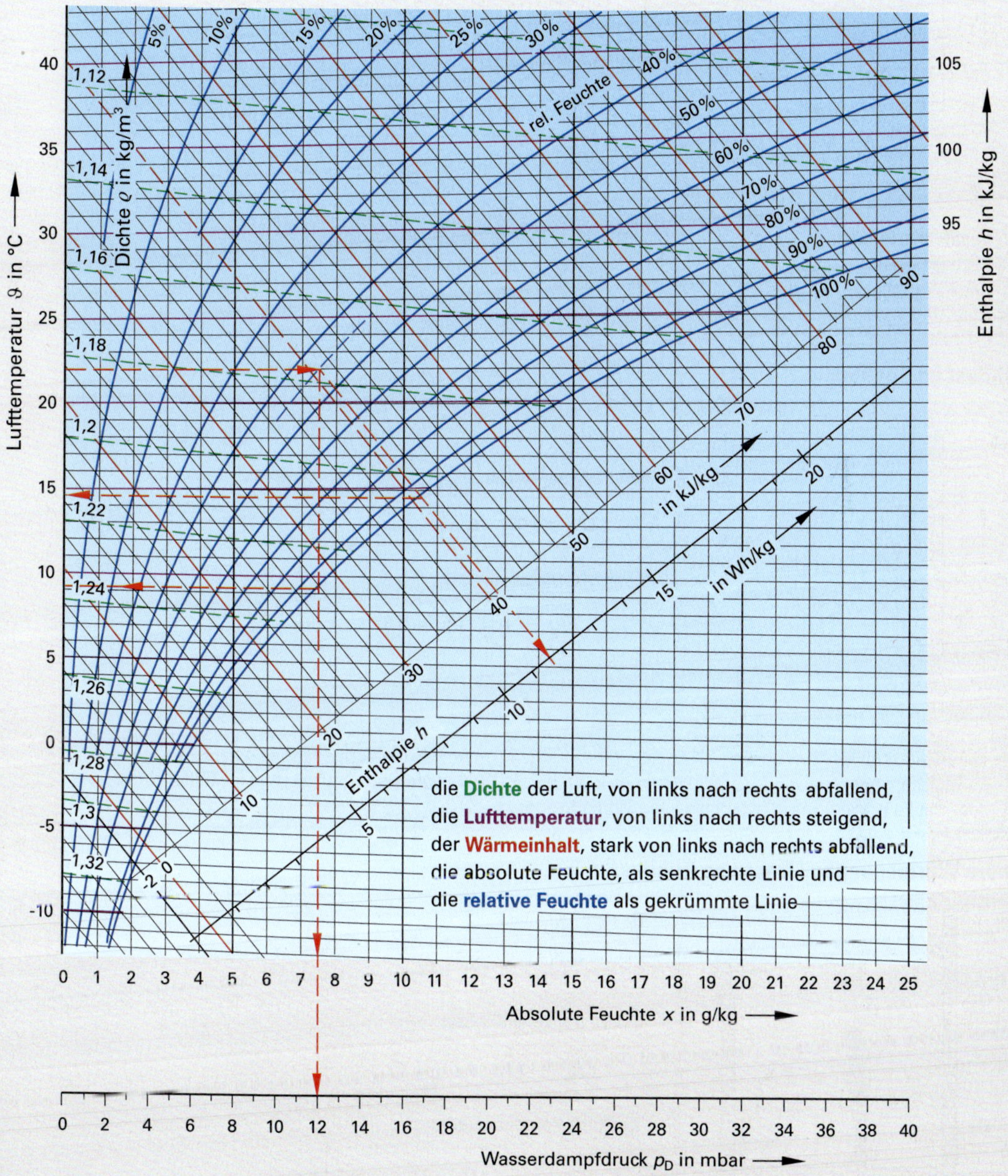

6.5 Wärmeleistung und Kühlleistung

Heizlast im Winter

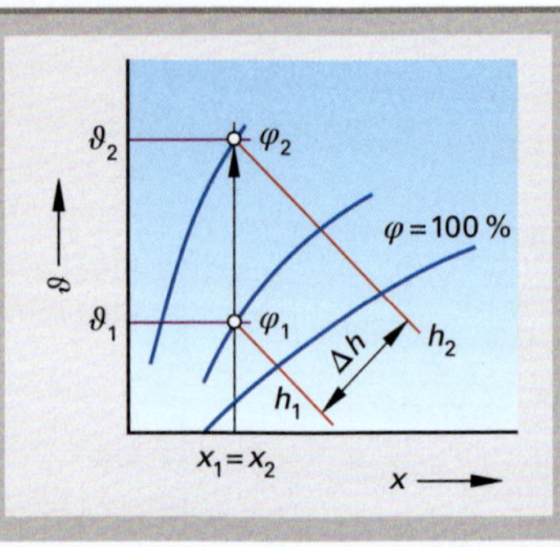

über Temperaturen:

$$\dot{Q}_H = \dot{m}_L \cdot c_L \cdot (\vartheta_2 - \vartheta_1)$$

über *h*-*x*-Diagramm:

$$\dot{Q}_H = \dot{m}_L \cdot (h_2 - h_1)$$

- $\dot{Q}_H$ zugeführte Heizlast in W (KJ/h)
- $\dot{m}_L$ Luftmassenstrom in kg/h
- c_L spez. Wärmekapazität der Luft in Wh/kgK
- ϑ_1 Eintrittstemperatur in °C
- ϑ_2 Austrittstemperatur in °C
- h_1 Wärme im Eintritt in Wh/kg
- h_2 Wärme im Austritt in Wh/kg

Kühllast im Sommer

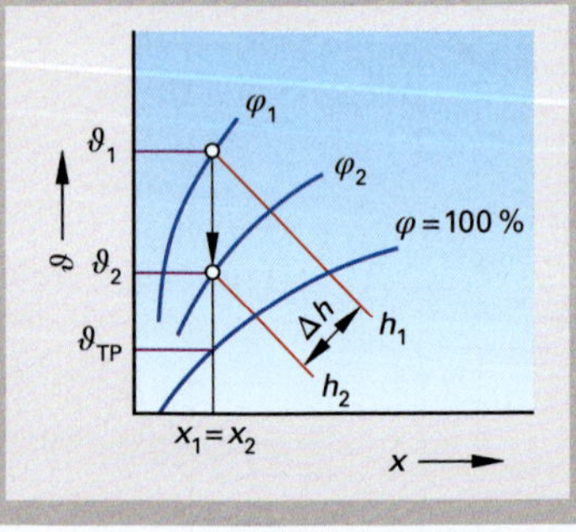

über Temperaturen:

$$\dot{Q}_K = \dot{m}_L \cdot c_L \cdot (\vartheta_1 - \vartheta_2)$$

über *h*-*x*-Diagramm:

$$\dot{Q}_K = \dot{m}_L \cdot (h_1 - h_2)$$

- $\dot{Q}_K$ abgeführte Kühllast in W (KJ/h)
- $\dot{m}_L$ Luftmassenstrom in kg/h
- c_L spezifische Wärmekapazität der Luft in Wh/kgK
- ϑ_1 Lufttemperatur vor dem Kühler in °C
- ϑ_2 Lufttemperatur nach dem Kühler in °C

Innere Wärmequellen (Trockene Kühllast)

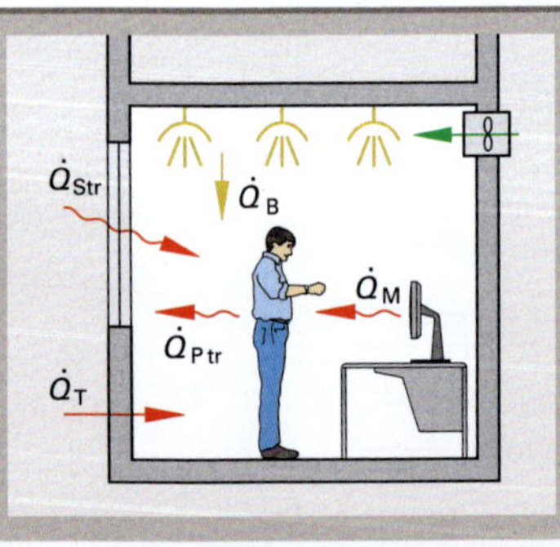

Gesamte Kühllast

$$\dot{Q}_{Ktr} = \dot{Q}_A + \dot{Q}_{Itr}$$

Innere trockene Kühllast

$$\dot{Q}_{Itr} = \dot{Q}_{Ptr} + \dot{Q}_B + \dot{Q}_M$$

Trockene Personenwärme

$$\dot{Q}_{Ptr} = \dot{q}_{Ptr} \cdot n$$

- $\dot{Q}_{Ktr}$ gesamte Kühllast in W
- $\dot{Q}_A$ äußere Kühllast in W
- $\dot{Q}_{Itr}$ innere trockene Kühllast in W
- $\dot{Q}_{Ptr}$ Personenwärme, trocken in W
- $\dot{Q}_B$ Kühllast der elektrischen Beleuchtung in W
- $\dot{Q}_M$ Kühllast elektrischer Geräte und Maschinen in W
- $\dot{q}_{Ptr}$ trockene Personenwärme in W/Pers
- n Anzahl Menschen

7 Elektrotechnik

7.1 Elektrische Größen und Einheiten

Größe		Einheit	
Name	**Zeichen**	**Name**	**Zeichen**
Elektrische Spannung	U	Volt	V
Elektrische Stromstärke	I	Ampere	A
Elektrischer Widerstand	R	Ohm	Ω
Elektrische Leistung	P	Watt	W

7.2 Aderkennzeichnung

DIN VDE 0239-308: 2003-01

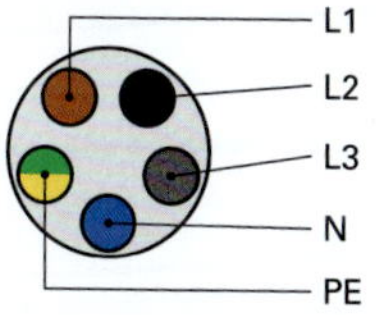

Kurzzeichen	Bezeichnung	Aderfarbe		Farbkürzel	
		deutsch	**englisch**		**IEC757**
L1	Außenleiter	braun	brown	bn	BN
L2	Außenleiter	schwarz	black	sw	BK
L3	Außenleiter	grau	grey	gr	GY
N	Neutralleiter	blau	blue	bl	BU
PE	Schutzleiter	grün-gelb	green-yellow	gn/ge	GNYE

7.3 IP-Schutzarten in Schutzbereichen

Tabelle 1: Bildzeichen

tropfwassergeschützt IP X1		**sprühwassergeschützt IP X3**	
spritzwassergeschützt IP X4		**strahlwasser geschützt IP X5**	
wasserdicht IP X7		**druckwasserdicht IP X8**	 ...bar
staubgeschützt IP 5X		**staubdicht IP 6X**	

1. Kennziffer Schutz gegen Fremdkörper	**2. Kennziffer** Schutz gegen Wasser
0 ungeschützt	0 ungeschützt
1 50 mm und größer	1 senkrechte Tropfen
2 12,5 mm und größer	2 Tropfen mit 15 % Neigung
3 2,5 mm und größer	3 Sprühwasser
4 1 mm und größer	4 Spritzwasser
5 staubgeschützt	5 Strahlwasser
6 staubdicht	6 starkes Strahlwasser
	7 zeitweiliges Untertauchen
	8 dauerndes Untertauchen
	9 Hochdruck

7.4 Ohmsches Gesetz

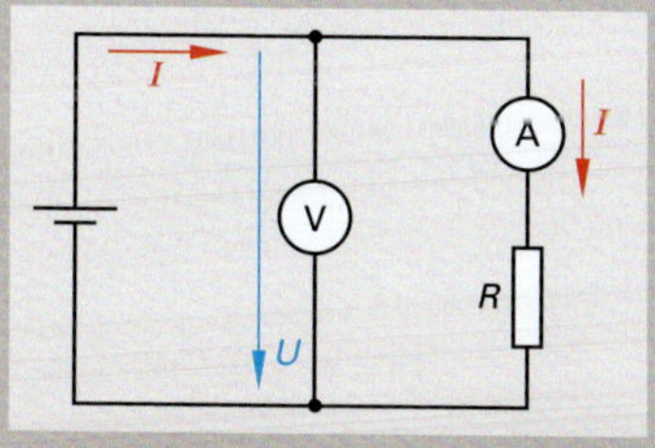

I	Stromstärke	in A
R	Widerstand	in Ω
U	Spannung	in V

$$U = R \cdot I$$

$$R = \frac{U}{I}$$

$$I = \frac{U}{R}$$

7.5 Widerstände

Widerstand von Leitern

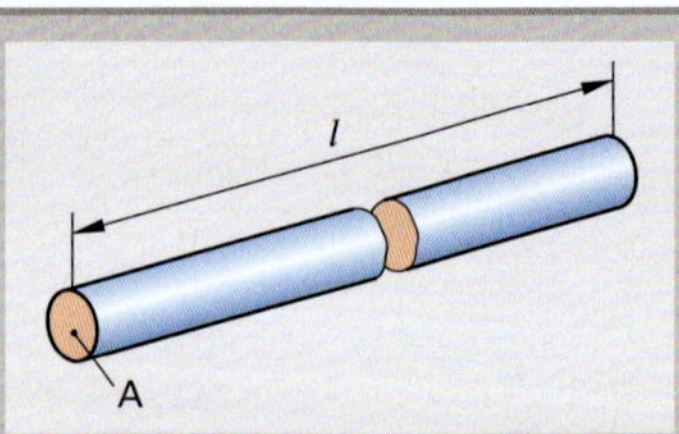

R	Widerstandswert	in Ω
ϱ	spezifischer Widerstand	in $(\Omega \cdot mm^2)/m$
l	Leiterlänge	in m
A	Querschnitt	in mm^2

$$R = \frac{\varrho \cdot l}{A}$$

$$\varrho = \frac{R \cdot A}{l} \qquad l = \frac{R \cdot A}{\varrho} \qquad A = \frac{\varrho \cdot l}{R}$$

Tabelle 1: Spezifischer Widerstand ρ in $\Omega \cdot \frac{mm^2}{m}$

Silber	0,016	**Eisen**	0,1
Elektro-Kupfer	0,018	**Chrom-Nickel-Stahl**	1,1

Reihenschaltung von Widerständen

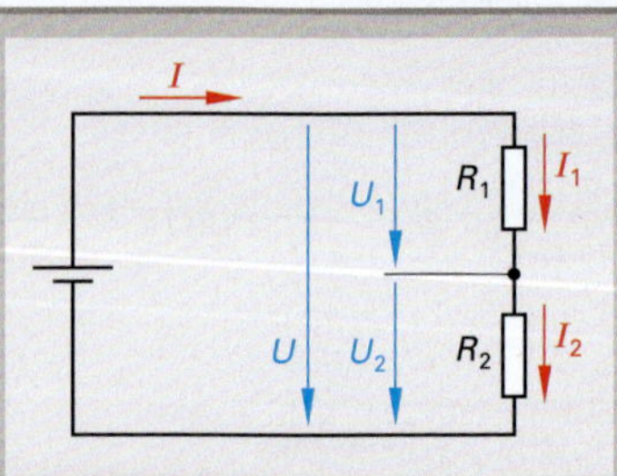

R	Gesamtwiderstand, Ersatzwiderstand	in Ω
R_1, R_2	Einzelwiderstände	in Ω
U	Gesamtspannung	in V
U_1, U_2	Einzelspannungen	in V
I	Gesamtstrom	in A
I_1, I_2	Einzelstrom	in A

$$R = R_1 + R_2 + \ldots$$

$$U = U_1 + U_2 + \ldots$$

$$I = I_1 = I_2 = \ldots$$

$$U = \overbrace{I \cdot R_1}^{U_1} + \overbrace{I \cdot R_2}^{U_2} + \ldots$$

$$I = \frac{U}{R} = \frac{U_1}{R_1} = \frac{U_2}{R_2} = \ldots$$

$$I = \frac{U}{R_1 + R_2 + \ldots}$$

Parallelschaltung von Widerständen

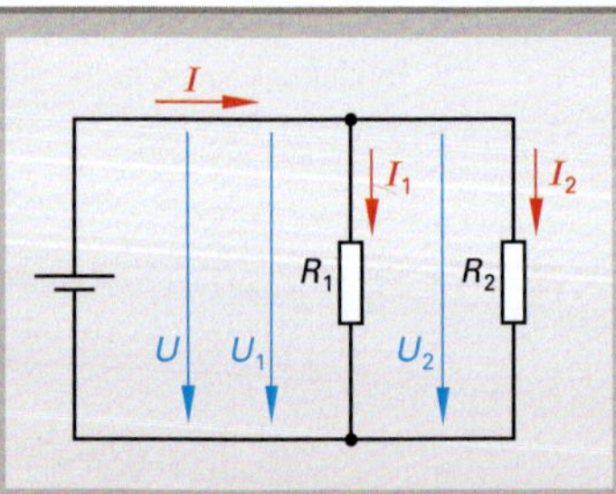

R	Gesamtwiderstand Ersatzwiderstand	in Ω
R_1, R_2	Einzelwiderstände	in Ω
U	Gesamtspannung	in V
U_1, U_2	Einzelspannungen	in V
I	Gesamtstromstärke	in A
I_1, I_2	Einzelstromstärken	in A

$$\frac{1}{R} = \frac{1}{R_1} + \frac{1}{R_2} + \ldots$$

$$U = U_1 = U_2 = \ldots$$

$$I = I_1 + I_2 + \ldots$$

Bei zwei Widerständen

$$R = \frac{R_1 \cdot R_2}{R_1 + R_2}$$

$$I = U \cdot \frac{R_1 + R_2}{R_1 \cdot R_2}$$

$$U = I \cdot \frac{R_1 \cdot R_2}{R_1 + R_2}$$

7.6 Elektrische Leistung

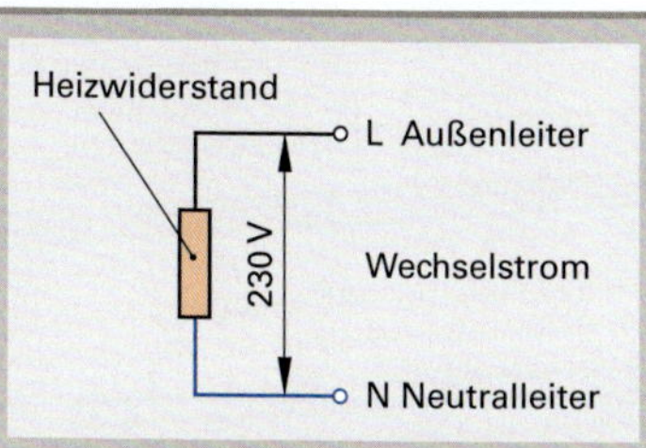

P	elektrische Leistung	in W
U	Spannung	in V
I	Stromstärke	in A
R	Widerstand	in Ω
$\cos\varphi$	Leistungsfaktor	
η	Wirkungsgrad	
1,73	Verkettungsfaktor bei Drehstrom	

$$P = U \cdot I \qquad U = \frac{P}{I} \qquad R = \frac{U^2}{P}$$

$$P = \frac{U^2}{R} \qquad I = \frac{P}{U} \qquad I = \sqrt{\frac{P}{R}}$$

$$P = I^2 \cdot R \qquad U = \sqrt{P \cdot R} \qquad R = \frac{P}{I^2}$$

Abgegebene Leistung bei Wechselstrommotoren:

$$P = U \cdot I \cdot \cos\varphi \cdot \eta \qquad U = \frac{P}{I \cdot \cos\varphi \cdot \eta} \qquad I = \frac{P}{U \cdot \cos\varphi \cdot \eta}$$

$$\cos\varphi = \frac{P}{U \cdot I \cdot \eta} \qquad \eta = \frac{P}{U \cdot I \cdot \cos\varphi}$$

Abgegebene Leistung bei Drehstrommotoren:

$$P = U \cdot I \cdot 1{,}73 \cdot \cos\varphi \cdot \eta$$

$$U = \frac{P}{I \cdot 1{,}73 \cdot \cos\varphi \cdot \eta}$$

$$I = \frac{P}{U \cdot 1{,}73 \cdot \cos\varphi \cdot \eta}$$

$$\cos\varphi = \frac{P}{U \cdot I \cdot 1{,}73 \cdot \eta}$$

$$\eta = \frac{P}{U \cdot I \cdot 1{,}73 \cdot \cos\varphi}$$

7.7 Elektrische Arbeit

W	elektrische Arbeit	in kWh
P	elektrische Leistung	in kW
t	Zeit	in h

$$W = P \cdot t \qquad P = \frac{W}{t} \qquad t = \frac{W}{P}$$

7.8 Stromkosten

K	Stromkosten	in €
W	elektrische Arbeit	in kWh
AP	Arbeitspreis	in €/kWh

$$K = W \cdot AP$$

$$W = \frac{K}{AP}$$

$$AP = \frac{K}{W}$$

7.9 Erwärmzeit und Massenstrom elekrischer Wassererwärmer

Erwärmzeiten

t_E	Erwärmzeit	in h und min
c	spezifische Wärmekapazität	in Wh/(kg · K)
P_{zu}	Anschlussleistung	in kW, W
m_w	Wasserinhalt	in kg
η	Wirkungsgrad	
$\Delta\vartheta$	Temperaturdifferenz	in K
ϑ_1	Kaltwassertemperatur	in K
ϑ_2	gewünschte Warmwassertemperatur	in K

$$t_E = \frac{m_w \cdot c \cdot \Delta\vartheta}{P_{Zu} \cdot \eta}$$

$$P_{zu} \cdot \eta = \frac{m_W \cdot c \cdot \Delta\vartheta}{t_E}$$

$$\Delta\vartheta = \vartheta_2 - \vartheta_1$$

Massenstrom

$\dot{m}_w$	Massenstrom	in kg/min
η	Wirkungsgrad	
P_{zu}	Anschlussleistung	in W
c	spezifische Wärmekapazität	in Wh/(kg · K)
$\Delta\vartheta$	Temperaturdiferent	in K
ϑ_1	Kaltwassertemperatur	in K
ϑ_2	gewünschte Warmwassertemperatur	in K

$$\dot{m}_w = \frac{P_{zu} \cdot \eta}{c \cdot \Delta\vartheta}$$

$$\Delta\vartheta = \vartheta_2 - \vartheta_1$$

8 Erneuerbare Energien

8.1 Solaranlagen

Solarklimazonen

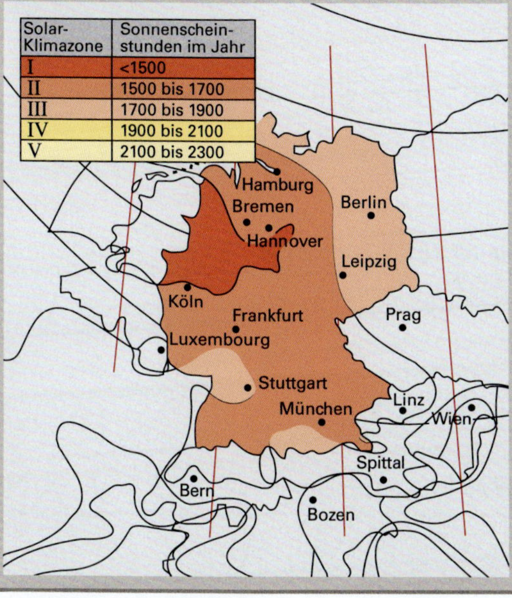

Nomogramm für Flachkollektoren

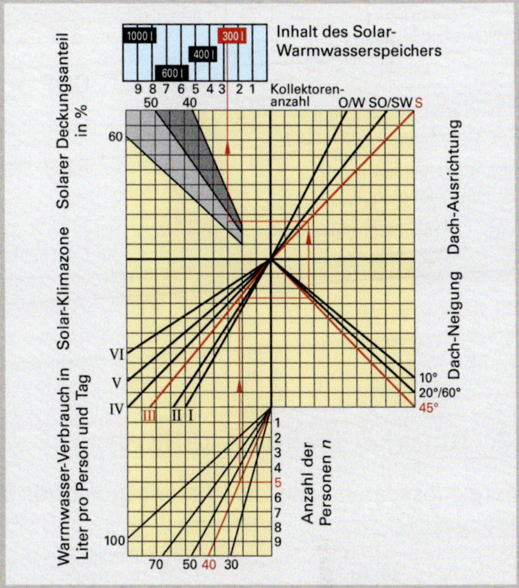

A	benötigte Kollektorfläche	in m²
V_{PWH}	täglicher Warmwasserbedarf	in l/Person · d
f_S	Korrekturfaktor für die Solarklimazone	
f_N	Korrekturfaktor für die Dachneigung	
f_A	Korrekturfaktor für die Südausrichtung	
A_0	empfohlene Kollektorfläche	0,025 m²/l

$$A = A_0 \cdot V_{PWH} \cdot f_S \cdot f_N \cdot f_A$$

8.2 Wärmepumpe

Wärmeleistung und Leistungszahl

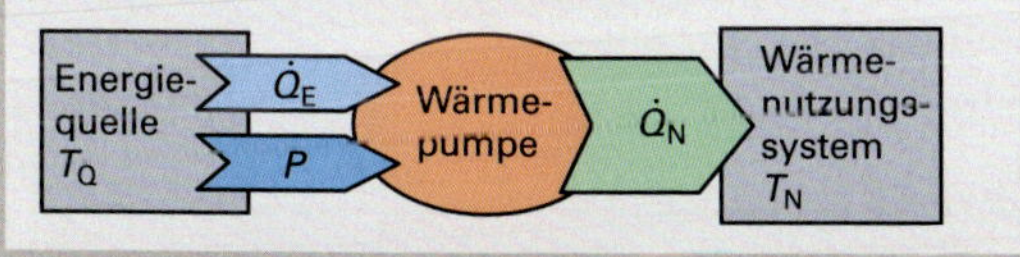

$\dot{Q}_E$	Wärmeleistung der Energiequelle	in kW
T_u	Temperatur der Wärmequelle	in K
$\dot{Q}_N$	Wärmeleistung zum Wärmenutzungssystem	in kW
T_N	Temperatur des Wärmenutzungssystems	in K
P	Antriebsleistung der Wärmepumpe	in kW

$\varepsilon_{WP,\,theoretisch}$	theoretische Leistungszahl der Wärmepumpe
$\varepsilon_{WP,\,real}$	reale Leistungszahl der Wärmepumpe
ν	Gütegrad

$$\dot{Q}_N = \dot{Q}_E + P$$

$$\varepsilon_{WP,\,theoretisch} = \frac{T_N}{T_N - T_Q}$$

$$\varepsilon_{WP,\,real} = \varepsilon_{WP,\,theoretisch} \cdot \nu$$

$$\varepsilon_{WP,\,real} = \frac{\dot{Q}_N}{P}$$

COP (Coefficient of performance)[1]

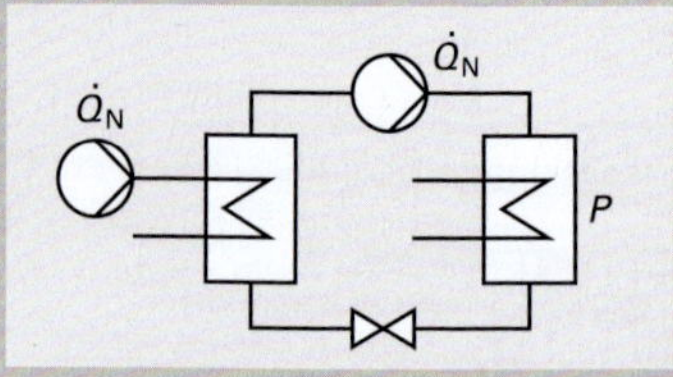

$\dot{Q}_N$ Wärmeleistung zum Wärmenutzungssystem in kW

P Antriebsleistung der Wärmpepumpe in kW

$\varepsilon_{WP,real}$ reale Leistungszahl der Wärmepumpe

$$COP = \varepsilon_{WP,\,real} = \frac{\dot{Q}_N}{P}$$

[1] In Deutschland wird COP mit $\varepsilon_{WP,real}$ bezeichnet.

8.3 Blockheizkraftwerk (BHKW)

Energieflussdarstellung und Wirkungsgrade von BHKW

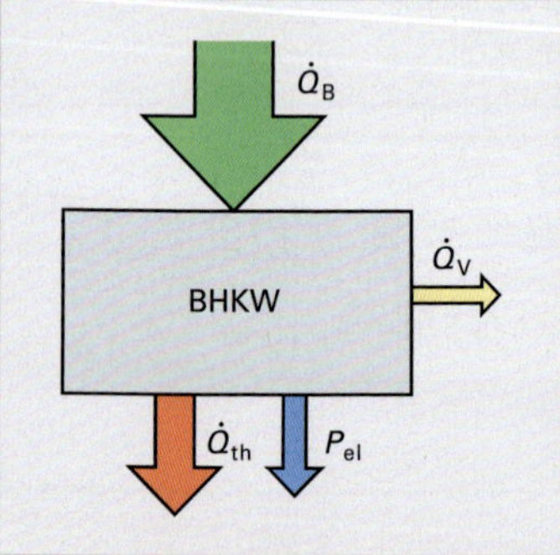

η_{el}	elektrischer Wirkungsgrad	
P_{el}	elektrische Leistung	in kW
$\dot{Q}_B$	Brennstoffleistung	in kW
η_{th}	thermischer Wirkungsgrad	
$\dot{Q}_{th}$	Wärmeleistung	in kW
η_{ges}	Gesamtwirkungsgrad	
S	Stromkennzahl	

$$\eta_{el} = \frac{P_{el}}{\dot{Q}_B}$$

$$\eta_{th} = \frac{\dot{Q}_{th}}{\dot{Q}_B}$$

$$\eta_{ges} = \frac{P_{el} + \dot{Q}_{th}}{\dot{Q}_B}$$

Sachwortverzeichnis